Die Fujifilm X-T2

Rico Pfirstinger

Die Fujifilm X-T2

120 Profitipps

Rico Pfirstinger
www.fuji-x-secrets.de

Lektorat: Gerhard Rossbach, Miriam Metsch
Copy-Editing: Alexander Reischert, Redaktion ALUAN, Köln
Satz: just in print, Bonn
Herstellung: Susanne Bröckelmann
Umschlaggestaltung: Anna Diechtierow, Heidelberg
Druck und Bindung: M.P. Media-Print Informationstechnologie GmbH, 33100 Paderborn

Bibliografische Information der Deutschen Nationalbibliothek
Die Deutsche Nationalbibliothek verzeichnet diese Publikation in der Deutschen Nationalbibliografie; detaillierte bibliografische Daten sind im Internet über http://dnb.d-nb.de abrufbar.

ISBN:
Print   978-3-86490-432-5
PDF   978-3-96088-142-1
ePub   978-3-96088-143-8
mobi   978-3-96088-144-5

1. Auflage 2017
Copyright © 2017 dpunkt.verlag GmbH
Wieblinger Weg 17
69123 Heidelberg

Die vorliegende Publikation ist urheberrechtlich geschützt. Alle Rechte vorbehalten.

Die Verwendung der Texte und Abbildungen, auch auszugsweise, ist ohne die schriftliche Zustimmung des Verlags urheberrechtswidrig und daher strafbar. Dies gilt insbesondere für die Vervielfältigung, Übersetzung oder die Verwendung in elektronischen Systemen.

Alle Angaben und Programme in diesem Buch wurden von den Autoren mit größter Sorgfalt kontrolliert. Weder Autor noch Herausgeber noch Verlag können jedoch für Schäden haftbar gemacht werden, die in Zusammenhang mit der Verwendung dieses Buchs stehen.

In diesem Buch werden eingetragene Warenzeichen, Handelsnamen und Gebrauchsnamen verwendet. Auch wenn diese nicht als solche gekennzeichnet sind, gelten die entsprechenden Schutzbestimmungen.

5 4 3 2 1

Zu diesem Buch – sowie zu vielen weiteren dpunkt.büchern – können Sie auch das entsprechende E-Book im PDF-Format herunterladen. Werden Sie dazu einfach Mitglied bei dpunkt.plus⁺:

www.dpunkt.plus

Inhaltsverzeichnis

1.	**IHR X-T2-SYSTEM**	**1**
1.1	DIE BASICS (1): GRUNDLEGENDES ZU IHRER FUJIFILM X-T2	3
TIPP 1	Lesen Sie die der Kamera und den Objektiven beiliegende **Bedienungsanleitung!** Sie haben die Wahl zwischen der gedruckten Version und elektronischen Versionen in mehreren Sprachen.	3
TIPP 2	Legen Sie sich zusätzliche **Batterien** zu – entweder von Fujifilm oder von einem Drittanbieter.	3
TIPP 3	Verwenden Sie ein passendes **Ladegerät und** einen **Reiseadapter**.	5
TIPP 4	Überprüfen Sie die **Firmware** Ihrer Kamera und Objektive und installieren Sie stets die neuesten Versionen!	6
TIPP 5	**Firmware-Aktualisierung** – das sollten Sie beachten!	6
TIPP 6	Verwenden Sie **schnelle Speicherkarten** mit mindestens 80 MB/s Schreibgeschwindigkeit.	7
TIPP 7	Arbeiten mit zwei Steckplätzen (**Dual Card Slots**)	8
TIPP 8	Ihre Kamera nummeriert Aufnahmen automatisch durch – mit einem kleinen Trick können Sie die **Bildnummern zurückstellen** oder selbst festlegen.	11
TIPP 9	Verwenden Sie den **Boost-Modus!**	12
TIPP 10	Halten Sie den **Kamerasensor** sauber!	13
TIPP 11	Hartnäckige **Sensorflecken?** Reinigen Sie den Sensor selbst!	14

1.2 DIE BASICS (2): OBJEKTIVE UND IHRE BESONDERHEITEN 17

TIPP 12 **Samyang-Objektive** mit X-Mount-Anschluss sind in Wirklichkeit nur adaptierte Fremdobjektive. 18

TIPP 13 **Zeiss Touit**-Objektive 19

TIPP 14 Was bedeutet eigentlich **XF18–135mmF3.5–5.6 R LM OIS WR?** 19

TIPP 15 Der **optische Bildstabilisator (OIS)** hat seine Tücken! 21

TIPP 16 **XF23mmF1.4 R, XF16mmF1.4 R WR und XF14mmF2.8 R** ticken anders! 23

TIPP 17 Verwenden Sie den **Lens Modulation Optimizer (LMO)!**. 24

TIPP 18 Was Sie über **digitale Objektivkorrekturen** wissen sollten! 25

TIPP 19 Verwenden Sie die mitgelieferten **Streulichtblenden!**. 27

TIPP 20 **Objektivschutzfilter** – ja oder nein? 27

TIPP 21 Aufgepasst bei **39-mm-Filtern!** 28

1.3 DIE BASICS (3): DAS RICHTIGE ZUBEHÖR 29

TIPP 22 **Optionale Kamerahandgriffe** 29

TIPP 23 **Entfesselter TTL-Blitz** mithilfe eines Canon OC-E3 TTL-Verlängerungskabels 31

TIPP 24 Probleme mit **Canon TTL-Blitzzubehör** 32

TIPP 25 **Fernauslöser** – für die X-T2 gibt's drei Varianten. 33

2. FOTOGRAFIEREN MIT DER X-T2. 36

2.1 AUF DIE PLÄTZE, FERTIG, LOS! 36

TIPP 26 **Empfehlenswerte Grundeinstellungen** für Ihre X-T2. 37

TIPP 27 **Praktische Shortcuts** für die X-T2 – vermeiden Sie den Umweg über das Kameramenü! 43

TIPP 28	Empfohlene Belegung der Fn-Tasten	46
TIPP 29	Verwenden Sie stets **FINE+RAW!**	48
TIPP 30	Komprimierte oder unkomprimierte RAW-Dateien?	51
TIPP 31	Wählen Sie das passende **Bildformat!**	51
TIPP 32	Machen Sie ruhig halbe Sachen!	52

2.2 BILDSCHIRM UND SUCHER ... 53

TIPP 33	Verwenden Sie den **Augensensor!**	53
TIPP 34	Die schnelle **Bildvorschau**	53
TIPP 35	Die Tücken der **DISP/BACK-Taste**	54
TIPP 36	**WYSIWYG** – What You See Is What You Get!	55
TIPP 37	Der **Natural Live View**	56

2.3 RICHTIG BELICHTEN ... 57

TIPP 38	**Belichtung messen** mit Methode	58
TIPP 39	Verknüpfen von **Spotmessung und Autofokusfeldern**	62
TIPP 40	Belichten mit **Live-View und Live-Histogramm**	63
TIPP 41	**Automatisch belichten** in den Modi **P**, **A** und **S**	64
TIPP 42	**Manuell belichten** im Modus **M**	66
TIPP 43	Fotografieren mit der **Zeitautomatik A**	67
TIPP 44	Fotografieren mit der **Blendenautomatik S**	68
TIPP 45	Fotografieren mit der **Programmautomatik P** und Programm-Shift	69
TIPP 46	Mit **Belichtungsreihen** auf Nummer sicher gehen	70
TIPP 47	**Langzeitbelichtungen**	71
TIPP 48	**Langzeitbelichtungen bei Tageslicht**	72
TIPP 49	**ISO-Einstellungen** – was steckt dahinter?	73

TIPP 50	Erweiterte ISO-Einstellungen und ihre Besonderheiten...........	76
TIPP 51	Auto-ISO und die Mindestverschlusszeit.........................	76
TIPP 52	Auto-ISO im manuellen Belichtungsmodus M: die »Misomatik« ...	78
TIPP 53	ISO-Bracketing – mehr Gimmick als Feature.....................	79
TIPP 54	Erweitern des Dynamikumfangs: mehr Kontrastumfang dank Tonwertkorrektur...	80
TIPP 55	Dynamikerweiterung für RAW-Shooter: DR-Funktion ausschalten und auf die Lichter belichten!.....................................	83
TIPP 56	JPEG-Einstellungen für RAW-Shooter	84
TIPP 57	Dynamikerweiterung für JPEG-Shooter: Verwenden Sie die DR-Funktion und belichten Sie auf die Schatten!..................	85
TIPP 58	High-key- und Porträt-Fotografie mit der DR-Funktion...........	89
TIPP 59	HDR-Aufnahmen mit der X-T2.................................	94
TIPP 60	HDR für Ungeduldige	96
TIPP 61	Der elektronische Verschluss...................................	98

2.4	FOKUSSIEREN MIT DER X-T2.....................................	101
TIPP 62	Merkmale von CDAF und PDAF	102
TIPP 63	AF-S oder AF-C?..	103
TIPP 64	AF-Modi: EINZELPUNKT, ZONE oder WEIT/VERFOLGUNG?......	104
TIPP 65	Zwei Methoden zur Auswahl eines Autofokusfelds oder einer AF-Zone...	107
TIPP 66	Auswahl der passenden AF-Feldgröße und AF-Zonengröße	107
TIPP 67	Manueller Fokus und Schärfentiefe-Zonenfokussierung...........	110
TIPP 68	Fokusassistenten: Focus Peaking und digitales Schnittbild	112
TIPP 69	Verwenden Sie die Sucherlupe!.................................	113
TIPP 70	Instant-AF (Sofort-AF)	113

TIPP 71	Arbeiten mit **AF+MF**	114
TIPP 72	**Pre-AF** – ein Relikt aus der Vergangenheit	117
TIPP 73	Fokussieren und Belichten mit der automatischen **Gesichts- und Augenerkennung**	118
TIPP 74	Fotografieren mit **AF-Lock**	121
TIPP 75	Fokussieren mit **AF-ON** (»back-button focusing«)	122
TIPP 76	**Fokussieren bei schwachem Licht**	123
TIPP 77	**Makroaufnahmen:** Fokussieren im Nahbereich	124
TIPP 78	Fokussieren auf sich bewegende Objekte (1): der »**Autofokus-Trick**«	127
TIPP 79	Fokussieren auf sich bewegende Objekte (2): **die Fokusfalle**	130
TIPP 80	Fokussieren auf sich bewegende Objekte (3): **AF-Tracking mit EINZELPUNKT, ZONE und WEIT/VERFOLGUNG**	132
TIPP 81	**Benutzerdefinierte AF-C-Einstellungen**	137
TIPP 82	**Fokuspriorität vs. Auslösepriorität**	140

2.5	WEISSABGLEICH UND JPEG-EINSTELLUNGEN	141
TIPP 83	**Manueller Weißabgleich** – kleine Mühe, große Wirkung	144
TIPP 84	**Infrarotfotografie**	146
TIPP 85	Farbstiche bearbeiten mit **WA VERSCHIEBEN**	148
TIPP 86	**Filmsimulationen** – It's All About the Look	149
TIPP 87	Der **Körnungseffekt**	154
TIPP 88	**Kontrasteinstellungen:** Schatten und Glanzlichter getrennt bearbeiten	156
TIPP 89	**Hauttöne** – glatt oder mit Textur?	157
TIPP 90	**Farbsättigung** – bunt oder mit mehr Details?	158
TIPP 91	Der passende **Farbraum:** sRGB oder Adobe RGB?	159

Inhaltsverzeichnis

TIPP 92	Die richtigen **Benutzerprofile**	161
TIPP 93	Arbeiten mit dem eingebauten RAW-Konverter	163
TIPP 94	RAW-Konverter im Vergleich	165
TIPP 95	EXIF-Metadaten anzeigen	173

2.6 SERIENAUFNAHMEN, MOVIES, MOTION PANORAMA UND SELBSTAUSLÖSER 174

TIPP 96	Arbeiten mit der **Serienbildfunktion**	175
TIPP 97	Arbeiten mit der **Panoramafunktion**	177
TIPP 98	**Filmaufnahmen** mit der X-T2	180
TIPP 99	Arbeiten mit dem **Selbstauslöser**	183

2.7 FOTOGRAFIEREN MIT BLITZLICHT 184

TIPP 100	**Blitzen in den Belichtungsmodi P und A**: Limits für die längstmögliche Belichtungszeit	187
TIPP 101	**Steuerung des Umgebungslichts** bei Blitzaufnahmen	188
TIPP 102	**Steuerung der Blitzlichtkomponente**	191
TIPP 103	**Der zweite Verschlussvorhang** – was steckt dahinter?	193
TIPP 104	**Blitzsynchronzeiten** – wo liegt die Grenze?	195
TIPP 105	**Rote-Augen-Korrektur** – zwei Stufen führen zum Erfolg	197
TIPP 106	Arbeiten mit **TTL-Lock**	198
TIPP 107	**Kleiner Zwerg: der EF-X20**	199
TIPP 108	**Großer Meister: der EF-X500**	200
TIPP 109	Arbeiten mit »fremden« Blitzgeräten	201

2.8 FOTOGRAFIEREN MIT ADAPTIERTEN OBJEKTIVEN ... 203

- TIPP 110   Der richtige **Objektivadapter** ... 203
- TIPP 111   **Fremdobjektive adaptieren** – so geht's 205
- TIPP 112   **Belichten mit adaptierten Objektiven** ... 206
- TIPP 113   **Fokussieren mit adaptierten Objektiven** ... 207
- TIPP 114   Arbeiten mit dem **Fujifilm M-Mount-Adapter** ... 208
- TIPP 115   **Die Sache mit der Qualität** ... 209
- TIPP 116   **Speed Booster** – Wunderwaffe oder Scharlatanerie? ... 211

2.9 DRAHTLOSE FERNSTEUERUNG UND TETHERING ... 213

- TIPP 117   Arbeiten mit der **Camera Remote-App** ... 213
- TIPP 118   **Live-View-Streaming** über HDMI ... 218
- TIPP 119   **Tethering** via USB ... 218

2.10 SONST NOCH WAS? ... 221

- TIPP 120   **Foren, Blogs und Workshops** – machen Sie mit! ... 221

3. WEBSITEN ZUR FUJIFILM X-T2 ... 223

1. IHR X-T2-SYSTEM

Damit wir eine Sprache sprechen, gebe ich Ihnen als Erstes einen knappen Überblick über die verschiedenen Tasten und Bedienelemente Ihrer Fujifilm X-T2:

Abbildung 1: **Frontalansicht der X-T2:** vorderes Einstellrad mit integrierter Drucktaste (1), Fn-Taste (2), AF-Hilfslicht/Indikatorlampe für Selbstauslöser (3), X-Trans-Sensor (4), Objektivkontakte (5), Objektiventriegelungstaste (6), Fokuswahlschalter (7), Blitzsynchronanschluss (8)

Abbildung 2: **Draufsicht der X-T2 (mit XF18–55mmF2.8–4 R LM OIS):** Ein-/Aus-Schalter (1), Auslöser (2), Fn-Taste (3), Belichtungskorrekturrad (4), Belichtungszeitwahlrad mit darunterliegendem Belichtungsmessungsmodus-Einstellrad (5), View-Mode-Taste (6), Blitzschuh (7), Blendenring (8), Fokusring (9), Dioptrieneinstellrad (10), ISO-Einstellrad mit darunterliegendem DRIVE-Einstellrad (11)

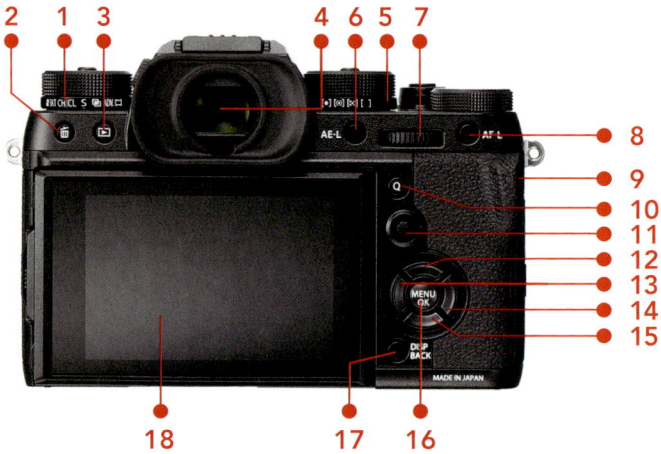

Abbildung 3: **Rückansicht der X-T2:** DRIVE-Einstellrad (1), Löschtaste (2), Wiedergabetaste (3), Sucher (4), Belichtungsmessungsmodus-Einstellrad (5), AE-L-Taste/Fn-Taste (6), hinteres Einstellrad mit integrierter Drucktaste (7), AF-L-Taste/Fn-Taste (8), Statusleuchte (9), Q-Taste für Quick-Menü (10), Fokus-Stick mit integrierter Drucktaste (11), obere Richtungstaste/Fn-Taste (12), linke Richtungstaste/Fn-Taste (13), rechte Richtungstaste/Fn-Taste (14), untere Richtungstaste/Fn-Taste (15), MENU/OK-Taste (16), DISP/BACK-Taste (17), LCD-Bildschirm (18)

1.1 DIE BASICS (1): GRUNDLEGENDES ZU IHRER FUJIFILM X-T2

> **TIPP 1** — Lesen Sie die der Kamera und den Objektiven beiliegende **Bedienungsanleitung**! Sie haben die Wahl zwischen der gedruckten Version und elektronischen Versionen in mehreren Sprachen.

Wenn Sie die Bedienungsanleitung zu Ihrer X-T2 nicht greifbar haben, können Sie sich eine PDF-Version des Handbuchs auf der Website von Fujifilm [1] herunterladen. Dort finden Sie ggf. auch neuere Versionen des Benutzerhandbuchs oder Handbuchergänzungen, die neue Funktionen aus Firmware-Updates beschreiben.

Bitte tun Sie sich selbst einen Gefallen und lesen Sie sich die Handbücher zu Ihrer Kamera und Ihren Objektiven aufmerksam durch, um alle Funktionen kennenzulernen. Dieses Buch baut auf der Bedienungsanleitung auf und will sie *nicht* ersetzen. Stattdessen erhalten Sie hier *weiterführende* Tipps, Hinweise und Erläuterungen, um mehr aus Ihrer X-T2 zu machen.

> **TIPP 2** — Legen Sie sich zusätzliche **Batterien** zu – entweder von Fujifilm oder von einem Drittanbieter.

Die X-T2 ist eine gemessen an ihrer Leistungsfähigkeit ziemlich kompakte Kamera. Dementsprechend klein ist ihre Batterie. Je nach Art der Nutzung reicht eine voll aufgeladene Batterie für ca. 250 bis 400 Aufnahmen.

Ich empfehle, die X-T2 grundsätzlich im Boost-Modus (EINRICHTUNG > POWER MANAGEMENT > LEISTUNG > VERSTÄRK) zu betreiben, da die maximale Leistung etwa des Autofokus sonst nicht zur Verfügung steht. Nur im Boost-Modus liefert die Kamera außerdem die maximale Bildwiederholrate im elektronischen Sucher (Live-View), was sich ebenfalls positiv auf die AF-Performance auswirkt.

Bitte beachten:

- Im Gegensatz zu früheren Modellen verfügt die X-T2 über eine genaue Batterieanzeige mit fünf Balken und einer Prozentangabe.

- Die Prozentangabe steht nur zur Verfügung, wenn Sie im Aufnahmemodus mit der DISP/BACK-Taste die INFO-Anzeige einschalten. Im Wiedergabemodus erhalten Sie die prozentgenaue Anzeige, indem Sie entweder mit der DISP/BACK-Taste die INFO-Anzeige aufrufen oder sich mit der oberen Richtungstaste durch die beiden erweiterten INFO-Anzeigeseiten klicken.

- Fällt die Batterieanzeige auf einen Balken und wird dabei rot, ist es höchste Zeit, den nun fast leeren Akku gegen einen vollen auszutauschen.

Ihre X-T2 verwendet wiederaufladbare Batterien vom Typ NP-W126S. Dieser Typ wird auch in der X-Pro1, X-E1, X-E2, X-T1, X-T10, X-T20, X-M1, X-A1, X-A2, X-A3, X-A10 und X100F eingesetzt, die Akkus der genannten Kameras sind also untereinander austauschbar.

Sie können auch ältere Batterien vom Typ NP-W126 verwenden. Der einzige Unterschied zwischen den älteren Batterien und dem neuen S-Typ liegt in ihren Erwärmungseigenschaften. Für Hochleistungsanwendungen wie längere 4K-Videoaufnahmen in warmer Umgebung empfiehlt sich die Verwendung des neuen Batterietyps. Wenn Sie jedoch bereits über Batterien des älteren Typs verfügen, gibt es keinen Grund, diese nicht zu verwenden.

Sie können NP-W126S-Batterien entweder original von Fujifilm oder als kompatible Akkus von zahlreichen Drittanbietern beziehen. Nicht alle Drittanbieter liefern jedoch durchweg einwandfreie Qualität. Einige Angebote verfügen zudem über weniger Kapazität, kosten dafür aber meist auch nur den Bruchteil einer Originalbatterie.

Batterien von Drittanbietern führen allerdings oft zu einer ungenauen Restlaufzeitanzeige, sodass sich die Kamera unvermittelt selbst ausschaltet, obwohl die Anzeige noch Kapazität vorgaukelt. Um dies zu vermeiden, sollten Sie Originalbatterien vom Typ NP-W126 oder NP-W126S von Fujifilm verwenden.

Wenn Sie Ihre Kamera über einen Zeitraum von Tagen oder länger ohne eine eingelegte und geladene Batterie lagern, kann es passieren, dass der fest eingebauten Notstromversorgung der Saft ausgeht und alle Kameraeinstellungen zurückgesetzt werden.

| Verwenden Sie ein passendes **Ladegerät und** einen **Reiseadapter**. | TIPP 3 |

Neben Ersatzbatterien gibt es von Drittanbietern auch Ladegeräte, darunter solche, die Sie nicht nur an einer Steckdose, sondern auch an einem Zigarettenanzünder oder USB-Anschluss betreiben können. Damit können Sie die Batterien Ihrer Kamera nicht nur am normalen Stromnetz, sondern auch im Auto, im Flugzeug oder an Ihrem Computer aufladen.

Denken Sie bei Reisen bitte auch daran, dass im Ausland häufig andere Steckdosenformate als zu Hause üblich sind. In diesem Fall helfen passende Reiseadapter. Eine besonders platzsparende Lösung ist das »Apple Reise-Adapter-Kit« mit Adaptern für Nordamerika, Japan, China, Großbritannien, Kontinentaleuropa, Korea, Australien und Hongkong, die direkt (also ohne Kabel) an das mit Ihrer X-T2 gelieferte Ladegerät angesteckt werden können und natürlich auch mit Ihren Apple-Geräten kompatibel sind.

Abbildung 4:
Einige **Ladegeräte von Fremdanbietern** können nicht nur über das Stromnetz, sondern auch über USB- oder Autoladekabel mit Energie versorgt werden.

Als Alternative zu externen Ladegeräten können Sie Ihre X-T2 auch direkt über den eingebauten USB-Anschluss aufladen. Verwenden Sie hierzu ein USB-2- oder USB-3-Micro-Anschlusskabel. Als Stromquelle kann dabei jedes USB-Ladegerät (zum Beispiel das für Ihr Smartphone oder Tablet) oder ein Laptop/PC mit USB-Anschluss dienen.

> **TIPP 4** Überprüfen Sie die **Firmware** Ihrer Kamera und Objektive und installieren Sie stets die neuesten Versionen!

Fujifilm entwickelt die Firmware der X-T2 und der XF/XC-Objektive kontinuierlich weiter.

- Um den Stand der Firmware auf Ihrer X-T2 sowie dem an der Kamera jeweils verwendeten Objektiv zu überprüfen, schalten Sie die Kamera ein, während Sie die DISP/BACK-Taste gedrückt halten.

- Entspricht die in der Kamera oder auf einem Objektiv installierte Firmware nicht mehr dem neuesten Stand, können Sie aktuelle Versionen auf der Website von Fujifilm [2] herunterladen. Dort können Sie sich auch aktuelle Versionen von Programmen wie RAW File Converter EX besorgen.

- Eine Videoanleitung sowie Schritt-für-Schritt-Hinweise für MacOS- und Windows-Anwender finden Sie außerdem in Fujifilms englischsprachigen FAQ auf der Website [3]. Dort findet sich auch eine englischsprachige Anleitung zum Herunterladen der Firmware für Windows-User [4] und Mac-OS-Benutzer [5].

> **TIPP 5** **Firmware-Aktualisierung** – das sollten Sie beachten!

- Verwenden Sie für Firmware-Aktualisierungen stets den Speicherkartensteckplatz Nummer 1.

- Sollte auf Fujis Firmware-Website trotz anderslautender Ankündigungen keine neue Firmware für Ihre Kamera oder Ihre Objektive angeboten werden, kann es sein, dass Ihr Webbrowser noch eine ältere Version der Seite im Cache gespeichert hat. Leeren Sie in diesem Fall den Cache Ihres Browsers oder erzwingen Sie ein erneutes Laden der Seite aus dem Netz.

- Achten Sie darauf, dass Ihr Computer den Namen einer Firmware-Datei beim Herunterladen nicht zwecks Konfliktlösung verändert, weil sich im Zielverzeichnis bereits eine Datei mit demselben Namen befindet – etwa eine ältere Version der Firmware, die Sie zu einem früheren Zeitpunkt heruntergeladen haben. Ihre Kamera kann die Firmware-Datei nur erkennen, wenn deren Dateiname nicht verändert wurde. Der Dateiname der Firmware für das X-T2-Kameragehäuse lautet immer FWUP0010.DAT, unabhängig von der darin enthaltenen Firmware-Version.

- Verwenden Sie bei der Firmware-Aktualisierung eine voll aufgeladene Batterie.

- Kopieren Sie die Firmware-Dateien für Ihre Kamera bzw. Objektive stets in die oberste Verzeichnisebene einer zuvor in der Kamera formatierten SD-Karte und melden Sie die Karte anschließend korrekt von Ihrem Computer ab. Ziehen Sie die Karte nicht einfach ohne Abmeldung heraus.

- Wenn Sie ein bestimmtes Objektiv aktualisieren möchten, muss dieses Objektiv für die Aktualisierung an die Kamera angeschlossen werden.

- Schalten Sie die Kamera mit gedrückter DISP/BACK-Taste ein und folgen Sie den Anweisungen auf dem Bildschirm, um eine Firmware-Aktualisierung für die Kamera oder ein Objektiv zu starten.

- Schalten Sie die Kamera während des Aktualisierungsvorgangs unter keinen Umständen aus.

Wenn die Firmware in Ihrer Kamera nicht mehr vollständig mit der Firmware im jeweils verwendeten Objektiv kompatibel ist, empfiehlt Ihnen die X-T2 möglicherweise beim Einschalten, die Firmware der Kamera bzw. des Objektivs zu aktualisieren. Sie finden die neue Firmware dann über die in Tipp 4 genannte Webadresse.

> Verwenden Sie **schnelle Speicherkarten** mit mindestens 80 MB/s Schreibgeschwindigkeit. — **TIPP 6**

Um Ihrer Kamera Beine und den eingebauten Bilderpufferspeicher möglichst schnell für neue Aufnahmen nutzbar zu machen, sollten Sie stets besonders schnelle UHS-I- und UHS-II-Speicherkarten mit einer nominellen Schreibgeschwindigkeit von mindestens 80 MB/s (UHS-I) bzw. 240 MB/s (UHS-II) verwenden. Passende Angebote gibt es unter anderem von San-Disk, Lexar und Toshiba.

Die X-T2 unterstützt den superschnellen UHS-II-Standard für Übertragungsgeschwindigkeiten bis zu 300 MB/s. Im Gegensatz zur X-Pro2 steht UHS-II bei der X-T2 in beiden Steckplätzen zur Verfügung.

Abbildung 5:
Schnelle SD-Karten der Marke **SanDisk Extreme Pro** mit 95 MB/s Lese- und Schreibgeschwindigkeit sind die Arbeitspferde vieler ernsthafter X-Serie-Benutzer.

Abbildung 6:
Für optimale Performance empfiehlt sich jedoch eine UHS-II-Karte wie **Lexar Professional 2000x**, Toshiba Exceria Pro oder SanDisk Extreme Pro UHS-II.

| TIPP 7 | Arbeiten mit zwei Steckplätzen (**Dual Card Slots**) |

Die X-T2 verfügt über zwei mit »1« und »2« nummerierte Speicherkarten-Steckplätze, kann also zwei Speicherkarten gleichzeitig bedienen.

Bitte beachten Sie:

- Der primäre Steckplatz der Kamera ist stets Steckplatz Nummer 1. Wenn Sie also mit nur einer Speicherkarte arbeiten, sollten Sie immer diesen Steckplatz verwenden.

- Für Firmware-Updates ist nur Steckplatz 1 geeignet.

- Beide Steckplätze unterstützen UHS-II und eignen sich für schnelle Speicherkarten wie *Lexar Professional 2000x, Toshiba Exceria Pro* oder *SanDisk Extreme Pro UHS-II (280 MB/s und neuerdings auch 300 MB/s).*

Wenn Sie mit zwei Speicherkarten gleichzeitig arbeiten, stehen Ihnen unter EINRICHTUNG > DATENSPEICH SETUP > STECKPL.-EINST. (STANDB.) drei verschiedene Einstellungen zur Verfügung:

- **SEQUENZIELL:** Hier speichert die Kamera sämtliche Bilddaten (RAW und JPEG) in dem jeweils ausgewählten Steckplatz ab. Die Daten werden nicht zwischen zwei Karten aufgeteilt oder auf zwei Karten gesichert. Um der Kamera mitzuteilen, in welchen der beiden Steckplätze sie im Aufnahmemodus die Bilddaten schreiben soll, wählen Sie EINRICHTUNG > DATENSPEICH SETUP > STECKPL. WECHSEL. (SEQUENZ.)

- **SICHERUNG:** In diesem Modus sichert die X-T2 die Bilddaten (RAW und JPEG) in beiden Steckplätzen gleichzeitig. Für den Fall, dass eine Speicherkarte defekt ist oder verloren geht, haben Sie also noch eine Kopie Ihrer Aufnahmen auf der zweiten Speicherkarte. Nachteil: Die Geschwindigkeit der Kamera orientiert sich in diesem Modus an der langsameren der beiden verwendeten Karten. In Situationen mit vielen schnellen Serienbildaufnahmen kann dies problematisch werden, sodass es sich empfiehlt, zwei gleich schnelle Karten zu verwenden.

- **RAW/JPEG:** Dieser Modus teilt die Bilddaten auf, sodass RAWs auf Karte 1 und JPEGs parallel dazu auf Karte 2 geschrieben werden. Dieser Modus ist per se nur sinnvoll, wenn man RAWs und JPEGs gleichzeitig aufnimmt, also wie von mir empfohlen mit den Aufnahmeeinstellungen FINE+RAW oder NORMAL+RAW operiert. Stellt man die Kamera dagegen so ein, dass sie nur RAW- oder nur JPEG-Dateien aufzeichnet, verhält sich der RAW-/JPEG-Speichermodus wie die soeben beschriebene Einstellung SICHERUNG und sichert die RAW- bzw. JPEG-Daten auf beiden Speicherkarten.

Fotografen, die mit der von mir grundsätzlich empfohlenen Konfiguration FINE+RAW fotografieren, liefert der Speichermodus RAW/JPEG die bestmögliche Kamera-Performance, weil die Bilddaten aus dem Kamerapuffer parallel auf beide Speicherkarten übertragen werden.

Der Speichermodus RAW/JPEG hat jedoch auch Nachteile:

- Die Auftrennung von RAWs und JPEGs auf zwei Speicherkarten erfolgt nur bei regulären Aufnahmen. Wenn Sie hingegen mit dem eingebauten RAW-Konverter der X-T2 weitere JPEGs von auf Karte 1 gespeicherten RAWs erstellen, speichert die Kamera diese neuen JPEGs ebenfalls auf Karte 1 ab – und nicht etwa auf der für JPEGs vorgesehenen Karte 2.

- Im Wiedergabemodus zeigt die X-T2 standardmäßig nicht etwa die hochauflösenden JPEGs auf Karte 2 an, sondern nur die in den RAW-Dateien versteckten Mini-JPEGs von Karte 1. Um Zugriff auf die hochauflösenden JPEGs auf Karte 2 zu erhalten (etwa zur Schärfekontrolle), müssen Sie während der Bildanzeige manuell den Kartensteckplatz wechseln, indem Sie die Wiedergabetaste einige Sekunden lang gedrückt halten, bis die Kamera Ihnen eine entsprechende Rückmeldung gibt. Leider merkt sich die X-T2 den Slot-Wechsel aber nur so lange, bis Sie eine weitere Aufnahme machen. Die nächste Bildanzeige kommt bei der Wiedergabe dann erneut von Karte 1, auf der gar keine hochauflösenden JPEGs für die effektive Schärfekontrolle gespeichert sind, sodass Sie erneut manuell auf Steckplatz 2 wechseln müssen.

Abbildung 7:
Die X-T2 kann **zwei SD-Speicherkarten gleichzeitig** aufnehmen. Für die bestmögliche Performance sollten Sie beide Slots mit UHS-II-Karten bestücken (etwa Lexar Professional 2000x).

	TIPP 8
Ihre Kamera nummeriert Aufnahmen automatisch durch – mit einem kleinen Trick können Sie die **Bildnummern zurückstellen** oder selbst festlegen.	

Verwenden Sie eine einzelne SD-Karte im Kartensteckplatz 1. Um den Bildzähler der Kamera zurückzusetzen, gehen Sie dann wie folgt vor:

- Wählen Sie EINRICHTUNG > DATENSPEICH SETUP > BILDNUMMER > NEU, formatieren die Karte in der Kamera anschließend mit EINRICHTUNG > BENUTZER-EINSTELLUNG > FORMATIEREN > STECKPLATZ 1. Der Bildzähler beginnt nun wieder von vorn.

- Damit der Bildzähler bei der nächsten Formatierung nicht erneut automatisch zurückgesetzt wird, sollten Sie die Kamera anschließend wieder mit EINRICHTUNG > DATENSPEICH SETUP > BILDNUMMER > KONT. auf die herkömmliche kontinuierliche Zählweise zurückstellen.

Wenn Sie selbst festlegen möchten, welche Bildnummer Ihre nächste Aufnahme erhalten soll, können Sie analog vorgehen, müssen jedoch einen zusätzlichen Arbeitsschritt mit Ihrem Computer einfügen:

- Wählen Sie EINRICHTUNG > DATENSPEICH SETUP > BILDNUMMER > NEU, formatieren die Karte in der Kamera anschließend mit EINRICHTUNG > BENUTZER-EINSTELLUNG > FORMATIEREN > STECKPLATZ 1. Der Bildzähler beginnt nun wieder von vorn.

- Machen Sie nun eine Aufnahme, nehmen Sie die Speicherkarte aus der Kamera und legen Sie die Karte in Ihren Rechner oder Kartenleser ein. Lokalisieren Sie dort die Aufnahme (DSCF0001.JPG oder DSCF0001.RAF) im DCIM-Ordner und ändern Sie die Bildnummer 0001 in die von Ihnen gewünschte Nummer um, zum Beispiel DSCF2000.JPG.

- Melden Sie die Speicherkarte von Ihrem Rechner ab und stecken Sie die Karte wieder in die Kamera. Machen Sie nun eine weitere Aufnahme. Die Kamera zählt jetzt ab der von Ihnen geänderten Bildnummer weiter, in unserem Beispiel also mit DSCF2001.

- Damit der Bildzähler bei der nächsten Formatierung nicht zurückgesetzt wird, sollten Sie die Kamera wieder mit EINRICHTUNG > DATENSPEICH SETUP > BILDNUMMER > KONT. auf die herkömmliche kontinuierliche Zählweise umstellen.

| TIPP 9 | Verwenden Sie den **Boost-Modus!** |

Standardmäßig arbeitet Ihre X-T2 (um Energie zu sparen) nicht mit voller Kraft. Um in den Genuss der maximalen Kameraleistung zu kommen, wählen Sie EINRICHTUNG > POWER MANAGEMENT > LEISTUNG > VERSTÄRK, oder weisen Sie die Funktion LEISTUNG einer der acht frei belegbaren Funktionstasten (Fn) der Kamera zu. Wenn Sie einen Vertical Power Booster Grip an Ihrer X-T2 verwenden, können Sie den Boost-Modus mit einem Umschalter direkt am Handgriff einstellen.

Die Kamera verbraucht im Boost-Modus etwas mehr Energie als im standardmäßig vorgegebenen Normalmodus. Wenn Sie die vorgenannten Tipps beherzigt und sich eine oder mehrere Ersatzbatterien zugelegt haben, tangiert Sie dieser kleine Nachteil in der Praxis jedoch kaum.

Im Boost-Modus ohne Vertical Power Booster Grip liefert die Kamera eine verbesserte AF-Performance (Reduktion der Mindestfokussierdauer von 0,08 auf 0,06 Sekunden) und erhöht die Bildwiederholrate im elektronischen Live-View von 60 fps auf 100 fps.

In Verbindung mit dem Vertical Power Booster Grip reduziert der Boost-Modus den Aufnahmeabstand von 0,19 auf 0,17 Sekunden und die Auslöseverzögerung von 0,05 auf 0,045 Sekunden. Die Dunkelpause (Blackout) zwischen aufeinanderfolgenden Aufnahmen im Serienbildmodus verkürzt sich von 0,130 auf 0,114 Sekunden, außerdem ermöglicht der Booster Grip beim Einsatz des mechanischen Verschlusses die Verwendung einer Bildwiederholrate von 11 fps im Serienbildmodus CH.

Auf der Website [6] von Fujifilm erfahren Sie mehr über den Vertical Power Booster Grip und seine Vorteile.

Wichtig: *Wenn der Boost-Modus ausgeschaltet ist, aktiviert die Kamera nach etwa zehn Sekunden Benutzer-Inaktivität einen Energiesparmodus, der zu einer deutlichen Reduktion der Bildwiederholrate im Live-View führt. Sobald Sie eine Taste drücken oder ein Einstellrad betätigen, wechselt der Live-View wieder in den Normalzustand zurück.*

Halten Sie den **Kamerasensor** sauber!	TIPP 10

Bei allen Kameras mit Wechselobjektiven fallen früher oder später Staub und Schmutz auf den Sensor, die sich in den Aufnahmen als störende Flecken bemerkbar machen können. Dem können Sie entgegenwirken, indem Sie Sensorschmutz möglichst vermeiden und den eingebauten Reinigungsmechanismus Ihrer Kamera benutzen:

- Mit EINRICHTUNG > BENUTZER-EINSTELLUNG > SENSORREINIGUNG > OK können Sie den Sensor kurz durchschütteln, sodass sich Staubpartikel lösen. Standardmäßig ist diese Sensorreinigung beim Ausschalten der Kamera aktiv. Ich empfehle, die Funktion zusätzlich auch bei jedem Einschalten zu nutzen. Wählen Sie hierzu EINRICHTUNG > BENUTZER-EINSTELLUNG > SENSORREINIGUNG > WENN EINGESCHALTET > AN.

Hilfreich ist außerdem die Umsetzung einer Schmutzvermeidungsstrategie:

- Legen Sie die Kamera nicht unnötigerweise ohne angebrachtes Objektiv oder Deckel ab.

- Wechseln Sie Objektive möglichst nicht in staubiger oder schmutziger Umgebung.

- Halten Sie die Kamera beim Objektivwechsel stets nach unten, nicht nach oben.

- Achten Sie beim Wechseln eines Objektivs darauf, dass die Rückseite der Optik sauber ist. Staub- und Schmutzpartikel können sich sonst vom Objektiv lösen und auf den Sensor fallen.

- Berühren Sie den Sensor nicht!

Abbildung 8: **Sensorflecken** – sichtbar gemacht mit verstärkten Kontrasteinstellungen am PC. Hier hilft nur noch eine Feuchtreinigung des Sensors.

| TIPP 11 | Hartnäckige **Sensorflecken?** Reinigen Sie den Sensor selbst! |

Wenn die eingebaute Sensorreinigungsfunktion der Kamera nicht mehr weiterhilft, haben Sie drei grundsätzliche Möglichkeiten, um dem Staub- und Schmutzproblem mit anderen Mitteln zu begegnen:

- Berührungsfreie Sensorreinigung
- Trockenreinigung
- Feuchtreinigung

Berührungsfrei können Sie den Sensor Ihrer X-T2 mit einem Blasebalg von Staub und Partikeln befreien, etwa dem *Giotto's Rocket-air Blower*. Ein wichtiges Merkmal

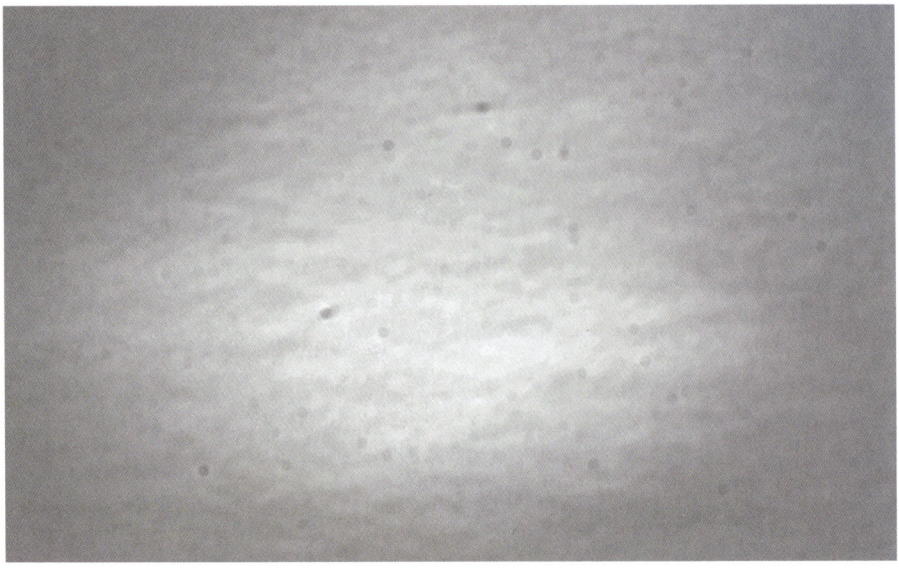

Abbildung 9:
Berührungslose Reinigung:
Rocket-air Blower von Giotto's

dieser speziell für die Sensorreinigung entwickelten Handpumpen ist ein Filter im Lufteinlassventil, der dafür sorgt, dass ein sauberer Luftstrahl auf die Sensoroberfläche geblasen wird.

Wichtig: *Verwenden Sie keine Druckluft aus Dosen. Die enthaltenen Treibmittelpartikel können den Sensor beschädigen!*

Eine **Trockenreinigung** mit Sensorkontakt ermöglicht das *Pentax Sensor Cleaning Kit,* auch »Fruchtgummi am Stiel« genannt. Mit dem »klebrigen« bunten Kopf dieses ulkigen Reinigungsgeräts können Sie die Sensorfläche vorsichtig abtupfen und dabei Staub und Schmutz aufsammeln. Laut einem Fernsehbericht verwendet auch Leica diesen »Fruchtgummi«, um die Sensoren fabrikneuer M-Kameras vor der Auslieferung zu reinigen.

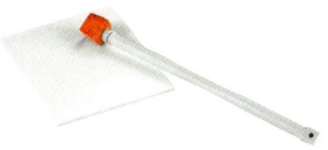

Abbildung 10:
Trockenreinigungsmittel:
Pentax Sensor Cleaning Kit

Hartnäckiger Schmutz und Belag lässt sich am besten per **Feuchtreinigung** mit einem sogenannten *Sensor Swab* beseitigen. Diese unter anderem von den Firmen *Photographic Solutions* und *Visible Dust* angebotenen »Scheibenwischer« werden mit einem dazu passenden Lösungsmittel (beispielsweise *Eclipse*) benetzt und anschließend mit jeder Wischerseite genau einmal von links nach rechts und einmal von rechts nach links über die volle Sensorbreite gezogen.

Für die X-T2 benötigen Sie Swabs im APS-C-Sensorformat. Bei Photographic Solutions entspricht dies der Produktgröße 2.

Abbildung 11:
Feuchtreinigung: **Sensor Swab** von Photographic Solutions

Eine preiswerte und meiner Erfahrung nach sehr wirkungsvolle Alternative zu den Produkten von Visible Dust und Photographic Solutions sind APS-C-Swabs des asiatischen Anbieters VSGO.

Alle genannten Produkte erhalten Sie online oder im gut sortierten Fachhandel.

In Härtefällen können Sie die Kamera natürlich auch zum Service geben und die Reinigung von Fujifilm durchführen lassen. In einigen Ländern (darunter auch Deutschland) ist die erste Sensorreinigung sogar kostenlos.

Bitte beachten Sie, dass es in Ausnahmefällen vorkommen kann, dass Staubpartikel durch einen Herstellungsfehler im Sensor *unterhalb* der durchsichtigen Schutzschicht eingeschlossen sind. In solchen Fällen muss die Kamera von Fujifilm repariert werden.

1.2 DIE BASICS (2): OBJEKTIVE UND IHRE BESONDERHEITEN

Die X-T2 ist mit folgenden X-Mount-Objektiven kompatibel:

- Fujinon XF-Objektive (Festbrennweiten und Zoomobjektive)
- Fujinon XC-Objektive (kompakte und kostengünstige Zoomobjektive)
- Zeiss Touit X-Mount-Objektive (nur Festbrennweiten)

Wer kann was? Hier ein Überblick (Stand: Dezember 2016):

- Fujinon-Zoomobjektive (XC und XF, mit Ausnahme des XF16–55mm-F2.8-Zooms) verfügen über eine optische Bildstabilisierung (Optical Image Stabilizer/OIS).
- Mit Ausnahme des XF27mmF2.8 verfügen alle XF-Objektive über einen Blendenring. Auch die drei Zeiss Touit-Objektive haben einen Blendenring.
- Fujinon XC-Objektive verfügen über keinen Blendenring. Die Blendeneinstellung erfolgt hier über das Einstellrad der Kamera.
- Alle Fujinon XF- und XC-Objektive (mit Ausnahme der XF56mm-APD-Festbrennweite) sowie die drei Zeiss Touit-Objektive unterstützen den schnellen Phase Detection Autofocus (PDAF) mit den mittleren AF-Feldern der X-T2. Fehlende Firmware-Updates haben die Touits jedoch hinter die Performance von Fujifilms eigenen Objektiven zurückfallen lassen.
- Fujinon XF-Objektive unterstützen außerdem den LMO (Lens Modulation Optimizer) Ihrer X-T2. Der LMO reduziert optische Effekte wie die beim starken Abblenden auftretende Beugungsunschärfe.
- Zeiss Touit-Objektive und Fujinon XC-Objektive unterstützen *keinen* LMO.
- Mit Stand Dezember 2016 unterstützen die folgenden sechs Fuji-X-Objektive eine besonders schelle Variante des Kontrastdetektionsauto-

fokus (CDAF) in der X-T2: XF16–55mmF2.8 R LM WR, XF50–140mmF2.8 R LM OIS WR, XF90mmF2 R LM WR, XF35mmF2 R WR, XF100–400mmF4.5–5.6 R LM OIS WR sowie XF23mmF2 R WR.

Neben X-Mount-Objektiven können Sie mit geeigneten Adaptern auch viele alte und aktuelle Fremdobjektive von zahlreichen Herstellern an Ihrer X-T2 verwenden. Autofokus, Programmautomatik und Blendenautomatik stehen in diesem Fall allerdings nicht mehr zur Verfügung und die adaptierten Objektive operieren (je nach Bauart und Adapter) stets bei Arbeitsblende bzw. nur bei Offenblende.

> TIPP 12 **Samyang-Objektive** mit X-Mount-Anschluss sind in Wirklichkeit nur adaptierte Fremdobjektive.

Bei manuellen Objektiven von Samyang (Rokinon) und ähnlichen Anbietern handelt es sich trotz serienmäßig verfügbarem X-Mount-Anschluss nicht um native Objektive. Sie sparen hier also nur den Kauf eines Adapters, die Objektive verhalten sich ansonsten jedoch wie adaptierte Fremdobjektive: Sie kommunizieren *nicht* mit der X-T2 (leiten also auch keine Information über die eingestellte Blende an die Kamera weiter), bieten keinen Autofokus, sie operieren auch im Live-View [7] stets mit der eingestellten Arbeitsblende und sie können nur in den Belichtungsmodi **A** und **M** betrieben werden.

Abbildung 12:
Aufgrund seines erschwinglichen Preises ist das **Samyang 8mmF2.8 Fisheye II** für den Fujifilm X-Mount ein beliebtes MF-Objektiv für extreme Weitwinkelaufnahmen.

| Zeiss Touit-Objektive | TIPP 13 |

Die im Auftrag von Zeiss bei Fujinon hergestellten Touit-Objektive mit X-Mount-Anschluss liefern zwar eine sehr gute Bildqualität, die Unterstützung neuerer Kamerafunktionen wie PDAF oder LMO über entsprechende Firmware-Updates erfolgte jedoch sehr schleppend oder gar nicht. Es sieht zudem nicht so aus, als würde Zeiss die Touit-Linie weiterverfolgen.

| Was bedeutet eigentlich **XF18–135mmF3.5–5.6 R LM OIS WR**? | TIPP 14 |

Dieser Hinweis gehört in die Kategorie »Was Sie schon immer wissen wollten, aber nie zu fragen wagten«:

- **XF:** »X« steht für X-Mount oder X-Serie, »F« steht für »Fine«. Dies soll aussagen, dass es sich hier um Fujifilms besonders hochwertige Reihe von X-Mount-Objektiven handelt. Neben XF gibt es mit XC auch eine kompaktere Reihe von Zoomobjektiven (»C« = »Compact« oder »Casual«).

- **18–135mm** ist der Brennweitenbereich des Zoomobjektivs. Um auf die äquivalente Kleinbildbrennweite zu kommen, müssen Sie die Angaben mit dem APS-C-Cropfaktor 1,5 multiplizieren. Der Bildwinkel des 18–135-mm-Zooms an Ihrer X-T2 entspricht somit dem Bildwinkel eines 27–202-mm-Zoomobjektivs an einer Kleinbildkamera.

- **F3.5–5.6:** Diese Angabe beschreibt die größtmögliche Blendenöffnung des Objektivs im verfügbaren Zoombereich. Das Objektiv bietet bei 18 mm also eine Offenblende von 3,5 und bei 135 mm eine Offenblende von 5,6. Bei den dazwischenliegenden Brennweiten liegt die Offenblende somit zwischen 3,5 und 5,6.

- **R** steht für »Ring« und zeigt an, dass das Objektiv über einen eigenen Blendenring verfügt. Bei Objektiven ohne Blendenring (etwa dem XF-27mmF2.8 Pancake oder den XC-Zooms) müssen Sie die Blende in den Belichtungsmodi **A** und **M** mit dem Einstellrad an der Kamera einstellen.

- **LM** steht für »Linear Motor«, eine besonders leise und schnelle Autofokusvariante.

- **OIS** bedeutet »Optical Image Stabilizer«. Diese optische Bildstabilisierung [8] erlaubt den verwackelungsfreien Einsatz des Objektivs mit um bis zu fünf Belichtungsstufen längeren Belichtungszeiten als gewöhnlich. Wo Sie also normalerweise aus der Hand mit 1/80 s fotografieren müssten, ermöglicht der OIS die Verwendung einer Verschlusszeit von 1/4 s – zumindest in der Theorie. In der Praxis können die Ergebnisse manchmal schlechter, manchmal aber auch besser ausfallen. Zu beachten ist hier natürlich, dass bei längeren Belichtungszeiten häufig Bewegungsunschärfe [9] auftritt, denn nicht alle Motive halten während der Belichtung völlig still.

- Wetterfeste Objektive besitzen den Zusatz **WR** für »Weather Resistant« und passen somit besonders gut zur ebenfalls wetterfesten X-T2.

Abbildung 13: Das **XF35mmF2 R WR** ist die beliebteste Festbrennweite für die X-Serie. Dieses wetterfeste Objektiv ist mit seinem schlanken Design speziell auf die Verwendung mit dem optischen Sucher der X-Pro1 und X-Pro2 abgestimmt.

Der **optische Bildstabilisator (OIS)** hat seine Tücken!	TIPP 15

Alle XF- und XC-Zoomobjektive bis auf das XF16–55mmF2.8 R LM WR verfügen über einen optischen Bildstabilisator (Optical Image Stabilizer = OIS), der Aufnahmen aus der Hand mit vergleichsweise langen Verschlusszeiten ermöglicht. Schalten Sie den OIS ein (bei XF-Objektiven am Objektiv, bei XC-Objektiven in der Kamera), wenn Sie mit Verschlusszeiten und Brennweiten aus der Hand fotografieren möchten, bei denen sonst Verwackelungsgefahr besteht.

Eine alte Fotografenregel zieht hierfür den Kehrwert aus der kleinbildäquivalenten Brennweite heran. Bei einer Brennweite von 50 mm liegt die Verwackelungsgrenze nach dieser Regel somit bei $[1/(50 \times 1{,}5)]\,s = 1/75\,s$. Anders gesagt: Wenn Sie mit einer 50-mm-Brennweite fotografieren und die Aufnahme nicht verwackeln möchten, sollten Sie Verschlusszeiten kürzer als 1/75 s verwenden – oder eben den OIS einschalten.

Typisch für solche Faustregeln ist, dass sie für den einen Benutzer zu streng und für den anderen zu lax sind. Letztlich wissen *Sie* als erfahrener Fotograf am besten, welche Verschlusszeiten Sie unter welchen Bedingungen noch »halten« können – und welche eher nicht.

Grundsätzlich gibt es zwei OIS-Modi, zwischen denen Sie im Kameramenü wählen können (AUFNAHME-EINSTELLUNG > IS MODUS):

- **OIS-Modus 1** (DAUERHAFT) ist die Standardeinstellung, hier stabilisiert die Kamera das Bild andauernd, also auch schon vor dem Auslösen, etwa während Sie durch den Sucher schauen und das Bild gestalten.

- **OIS-Modus 2** (NUR AUFNAHME) stabilisiert das Bild erst im Moment der Aufnahme, also wenn Sie den Auslöser vollständig durchdrücken.

Bitte beachten Sie, dass der OIS in ungünstigen Fällen – speziell bei kurzen(!) Verschlusszeiten – auch zum Verwackeln der Aufnahme *beitragen* kann. Dieser unerfreuliche Effekt tritt im Modus 1 mit einer höheren Wahrscheinlichkeit auf als im Modus 2. Auf der anderen Seite ist der OIS-Modus 1 bei besonders langen Verschlusszeiten (etwa 1/15 s, 1/8 s oder 1/4 s) effektiver.

Abbildung 14: Der **optische Bildstabilisator** des XF50–140mm in Aktion: Durch die lange Verschlusszeit von 1/6 s konnte ich diese Nachtaufnahme mit ISO 800 stehend aus der Hand schießen – und das bei einem Kleinbildäquivalent von 210 mm.

Daraus ergeben sich folgende Empfehlungen für den OIS-Gebrauch:

- Schalten Sie den OIS nur ein, wenn es notwendig ist. Bei kurzen Verschlusszeiten, für die ohnehin keine Bildstabilisierung notwendig ist, können Sie die Funktion ausschalten und den OIS somit als potenziellen Störfaktor eliminieren.

- Verwenden Sie bevorzugt den OIS-Modus 2 (»nur Aufnahme«). Modus 1 sollten Sie dann verwenden, wenn Sie aus der Hand mit besonders langen Verschlusszeiten arbeiten – oder mit sehr langen Brennweiten, sodass Sie schon vor der Aufnahme ein im Sucher stabilisiertes, verwackelungsfreies Bild benötigen.

- Schalten Sie den OIS aus, wenn Sie mit einem stabilen Stativ oder mit Verschlusszeiten länger als eine Sekunde arbeiten oder wenn Sie »Mitzieher« [10] mit längeren Belichtungszeiten fotografieren.

Übrigens: Der OIS emittiert im Aufnahmemodus stets ein summendes Geräusch – auch dann, wenn die Funktion in der Kamera oder am Objektiv ausgeschaltet wurde. Das ist vollkommen normal.

XF23mmF1.4 R, XF16mmF1.4 R WR und XF14mmF2.8 R ticken anders!	TIPP 16

Im Gegensatz zu herkömmlichen X-Mount-Objektiven besitzen die Weitwinkel-Festbrennweiten **XF14mmF2.8 R**, **XF16mmF1.4 R WR** und **XF-23mmF1.4 R** einen verschiebbaren MF-Ring zum manuellen Scharfstellen:

- Ziehen Sie den Fokusring zur Kamera hin, um Objektiv und X-T2 in den MF-Modus zu versetzen.

- Schieben Sie den Fokusring von der Kamera weg, um Objektiv und X-T2 zurück in den AF-Modus zu versetzen.

- Alternativ können Sie auch (wie von anderen Objektiven gewohnt) mit dem Fokuswahlschalter vorne an der X-T2 zwischen Autofokus und manuellem Scharfstellen umschalten. Das Objektiv verbleibt dabei in der AF-Stellung. In diesem Fall beschränkt sich der MF jedoch auf die »Sofort-AF«-Funktion (AF-L-Taste), Sie können den Fokus also nach dem Drücken von AF-L am Objektiv *nicht* mehr verändern oder nachjustieren.

- Umgekehrt steht Sofort-AF bei diesen Objektiven *nicht* zur Verfügung, wenn Sie durch Verschieben des Fokusrings am Objektiv auf die manuelle Scharfstellung umschalten. Sie können dann nur noch mit dem Fokusring scharfstellen.

- Die im Objektiv eingravierten Schärfentiefe-Angaben entsprechen der elektronischen Schärfentiefe-Skala in der Einstellung FILMFORMAT-BASIS, nicht PIXEL-BASIS. Hintergrund dieser Diskrepanz sind unterschiedlich große Zerstreuungskreise, die für die Berechnung der Schärfentiefe herangezogen werden: Die elektronische Skala geht bei PIXEL-BASIS von einer pixelscharfen Betrachtung bei 100 %-Vergrößerung am Computerbildschirm aus, die in die Objektive gravierte Skala basiert hingegen auf typischen Betrachtungsabständen von ausgedruckten Bildern. Einige Fotografen halten die eingravierten Angaben (also die FILMFORMAT-BASIS) für praxisgerechter als die Anzeige auf PIXEL-BASIS.

Der Unterschied zwischen den beiden Skalen beträgt etwa dreieinhalb Blendenstufen. Um die elektronische Schärfentiefe-Anzeige zwischen der filmformatbasierten und der pixelbasierten Anzeige umzuschalten, wählen Sie AF/MF-EINSTELLUNG > TIEFENSCHÄRFESKALA und dann entweder PIXEL-BASIS oder FILMFORMAT-BASIS.

- Die Drehrichtung des Fokusrings kann bei den Objektiven mit verschiebbarem Blendenring nicht umgestellt werden.

- Wenn Sie bei Ihrer X-T2 den Modus AF+MF einschalten (AF/MF-EINSTELLUNG > AF+MF > AN), können Sie diese Funktion nur nutzen, wenn sich das Objektiv im MF-Modus und die Kamera im AF-Modus (AF-S) befindet. In dieser Konfiguration können Sie dann mit halb durchgedrücktem Auslöser automatisch fokussieren und die Schärfe anschließend am Fokusring manuell nachjustieren.

Abbildung 15:
Fujinon XF23mmF1.4 R mit eingravierter Fokus- und Schärfentiefe-Skala: Der Retro-Anmutung fielen leider einige praktische Funktionen zum Opfer.

TIPP 17 Verwenden Sie den **Lens Modulation Optimizer** (LMO)!

Die X-T2 unterstützt den sogenannten LMO (Lens Modulation Optimizer). Dieses erstmals in der X100S und X20 eingesetzte Feature kompensiert bei der Umwandlung von RAW-Daten in JPEGs unerwünschte optische Effekte wie Beugungs- oder Randunschärfe. Damit das funktioniert, muss die Firmware des angeschlossenen Objektivs der Kamera entsprechende Korrekturdaten liefern.

- Fujinon XC-Objektive und Zeiss Touit-Objektive bieten *keine* Unterstützung für den LMO.

Unterstützt das angeschlossene Objektiv den LMO der X-T2, sollten Sie die Funktion mit BILDQUALITÄTS-EINSTELLUNG > OBJEKTIVMOD.-OPT. > AN einschalten.

Alternativ können Sie die Funktion auch im eingebauten RAW-Konverter (WIEDERGABEMENÜ > RAW-KONVERTIERUNG) Ihrer Kamera ein- oder ausschalten. Mit dieser Option können Sie auf einfache Weise zwei Versionen einer Aufnahme – mit und ohne LMO – erzeugen und sich die Unterschiede genauer ansehen.

Der LMO reduziert in erster Linie die folgenden optischen Effekte:

- **Beugungsunschärfe:** Dieser Effekt entsteht beim starken Abblenden eines Objektivs. Bei APS-C-Kameras wie der X-T2 tritt er typischerweise ab Blende 10 sichtbar auf. Während beim Abblenden des Objektivs die Schärfentiefe stetig zunimmt, verringert sich zugleich die maximale Schärfe. Der LMO wirkt diesem unerwünschten Effekt entgegen und sorgt bei kleinen Blendenöffnungen für eine bessere Detailschärfe.

- **Randunschärfe:** Auch das beste Objektiv zeichnet am Rand nicht mehr so scharf wie in der Mitte. Der LMO der X-T2 kann diesen Schärfeabfall selektiv kompensieren.

LMO-Korrekturen basieren auf komplexen Dekonvolutionsalgorithmen und können zumindest derzeit nur in der Kamera durchgeführt werden. Mit der X-T2 kompatible externe RAW-Konverter wie Lightroom, Adobe Camera Raw, Silkypix, Iridient Developer, Photo Ninja oder AccuRaw können die LMO-Daten bislang nicht verarbeiten. Somit wirken sich LMO-Korrekturen ausschließlich auf in der Kamera erzeugte JPEGs aus.

Was Sie über **digitale Objektivkorrekturen** wissen sollten!	TIPP 18

Die meisten modernen Objektive für Digitalkameras erzielen ihre optimale Bildqualität mit einer Kombination aus optischen und digitalen Korrekturen. Dabei handelt es sich vorwiegend um die drei folgenden Problembereiche:

- **Vignettierung:** Hierunter versteht man den Helligkeitsabfall eines jeden Objektivs zum Rand hin. Die Vignettierung [11] tritt umso stärker auf, je weiter die Blende bei der Aufnahme geöffnet ist.

- **Verzeichnung:** Hierbei handelt es sich um eine kissen- oder tonnenförmige Bildverzerrung, in deren Folge eigentlich gerade Linien krumm erscheinen. Die Verzeichnung [12] wird bei besonders hochwertigen Festbrennweiten (etwa bei XF14mm, XF16mm, XF23mm, XF35mmF1.4, XF56mm und XF90mm) ausschließlich optisch korrigiert, andere Objektive (etwa Zeiss Touit-Objektive, kompakte Pancakes, das XF35mmF2 und XF50mmF2 sowie Zoomobjektive) setzen auf eine Kombination aus optischer und digitaler Verzeichnungskorrektur.

- **Chromatische Aberrationen:** Diese sogenannten Farbquerfehler und Farblängsfehler [13] führen zu unschönen Farbsäumen. Man kann sie entweder optisch mithilfe apochromatischer Objektive korrigieren oder aber bei der RAW-Konvertierung digital ausmerzen.

Während Kameras anderer Hersteller oft auf eigenständige Korrekturprofile für externe RAW-Konverter setzen, legt die X-T2 die Korrekturdaten des jeweils angeschlossenen Objektivs in den sogenannten *Metadaten* der RAW-Datei ab.

Auf diese Metadaten kann nicht nur der eingebaute RAW-Konverter zugreifen. Auch externe Programme wie Lightroom, Silkypix, Iridient Developer oder Capture One können die Daten nutzen, um Vignettierung, Verzeichnung und chromatische Aberrationen digital zu kompensieren.

- Der größte Vorteil dieser Methode ist, dass Sie sich bei den genannten RAW-Konvertern nicht um aktuelle Objektivprofile kümmern müssen. Alle wichtigen Korrekturdaten werden von Fujifilm selbst geliefert und in den Metadaten der RAW-Datei gespeichert.

- Ein Nachteil ist wiederum, dass man diese Form der Korrektur im eingebauten RAW-Konverter sowie in einigen externen Konvertern (etwa Lightroom, Adobe Camera Raw, Silkypix) *nicht* ausschalten kann. Die Korrekturen erfolgen also auch dann, wenn sie aus Sicht des Anwenders gar nicht notwendig wären. Dies betrifft vor allem die digitale Verzeichnungskorrektur, die stets mit einer die Bildschärfe verringernden Streckung und Interpolationen von Bilddaten verbunden ist.

Einige Programme (wie Capture One Pro oder Iridient Developer) sind hier zum Glück flexibel und lassen den Benutzer selbst entscheiden, ob bzw. in welcher Stärke er bestimmte digitale Korrekturen gerne anwenden möchte. Manche Programme (wie Photo Ninja, Raw Photo Processor/RPP oder AccuRaw) können mit den Korrekturdaten wiederum nichts anfangen und ignorieren sie einfach. Hier müssen Sie notwendige Korrekturen bei der RAW-Entwicklung also manuell oder mit eigenen Profilen durchführen.

Verwenden Sie die mitgelieferten **Streulichtblenden!**	TIPP 19

Mit Ausnahme des »Pancake«-Objektivs XF27mmF2.8 liefert Fujifilm bei allen XF- und XC-Objektiven eine maßgeschneiderte Streulichtblende mit, die Sie grundsätzlich verwenden sollten. Neben ihrer eigentlichen optischen Funktion dienen diese Blenden auch dem Schutz des Objektivs und verhindern, dass das Frontglas durch Stöße oder sonstigen »Feindkontakt« beschädigt wird.

Streulichtblenden haben allerdings auch Nachteile: Sie machen das Objektiv größer, als es eigentlich ist, sie können das AF-Hilfslicht und das Blitzlicht abschatten und verbrauchen zusätzlichen Platz in Ihrer Fototasche. Den letztgenannten Punkt versucht Fujifilm dadurch zu kompensieren, dass man fast alle Streulichtblenden für Transportzwecke umgekehrt am Objektiv befestigen kann.

Wenn Sie mit dem mitgelieferten Kamerablitz fotografieren oder auf das AF-Hilfslicht angewiesen sind, sollten Sie die Streulichtblende abnehmen.

Objektivschutzfilter – ja oder nein?	TIPP 20

Die in der Analogfotografie weit verbreiteten UV- oder Skylight-Filter sind bei digitalen Kameras wie der X-T2 *nicht* notwendig. Ein dauerhaft vor dem Objektiv angebrachter Filter besitzt somit in erster Linie eine Schutzfunktion, kann jedoch gleichzeitig die optische Leistung *negativ* beeinflussen. Gerade nachts oder in Gegenlichtsituationen erhöhen Filter die Wahrscheinlichkeit für unerwünschte Geisterbilder, Spiegelungen oder flaue Kontraste.

Schutzfilter sollte man deshalb grundsätzlich nur dann verwenden, wenn man sie tatsächlich braucht. In der Regel bietet die Gegenlichtblende ausreichend Schutz. Falls Sie sich für den Einsatz eines Schutzfilters entscheiden, sollten Sie auf jeden Fall ein hochwertiges Markenprodukt verwenden. Auch Fujifilm selbst bietet passende Schutzfilter mit der gleichen »Super EBC«-Vergütung wie das Objektivglas als Zubehör an.

TIPP 21	Aufgepasst bei **39-mm-Filtern!**

Die auf das **XF60mmF2.4 R** und das **XF27mmF2.8** passenden Filter mit einem 39 mm kleinen Schraubgewinde müssen so gestaltet sein, dass sich der Objektivtubus beim Fokussieren mitsamt dem Filter einige Millimeter in das Objektivgehäuse zurückziehen kann. Ist dies nicht möglich – etwa bei Verwendung eines zu dünnen Step-up-Rings direkt am Filtergewinde –, kann das Objektiv beschädigt und die Funktion der Kamera beeinträchtigt werden.

Ein typisches Indiz für ein solches Problem ist die im Display erscheinende Aufforderung, die Kamera aus- und wieder einzuschalten. Eine mögliche Lösung besteht darin, vor den Step-up-Ring einen 39-mm-Schutzfilter (evtl. mit herausgebrochenem Filterglas) als den inneren Tubus verlängernden Platzhalter zu montieren.

Abbildung 16:
39-mm-Schutzglasfilter von Fujifilm. Ein vergleichbarer Filter mit herausgebrochenem Glas eignet sich auch als Abstandshalter für den Anschluss eines Step-up-Rings.

1.3 DIE BASICS (3): DAS RICHTIGE ZUBEHÖR

Das Angebot an Zubehör für Ihre X-T2 ist zu reichhaltig, um es hier ausführlich zu besprechen. Einige ausgewählte Zubehörteile möchte ich Ihnen allerdings nicht vorenthalten, da sie sich für viele Benutzer als ausgesprochen nützlich erwiesen haben.

Optionale Kamerahandgriffe	TIPP 22

Ein optionaler Handgriff verbessert die Ergonomie der Kamera vor allem beim Einsatz größerer und schwerer Objektive.

Der **MHG-XT2** verfügt über einen Stativanschluss auf der optischen Achse, erlaubt direkten Zugriff auf das Batteriefach und ist mit dem Arca-Swiss-Stativstandard kompatibel, sodass Sie keine zusätzliche Stativplatte benötigen. Der Handgriff *ist* die Stativplatte.

Abbildung 17: Der optionale **Handgriff MHG-XT2** verfügt über eine Aussparung für das Batteriefach und kann direkt auf Arca-Swiss-kompatiblen Stativköpfen montiert werden.

Der **Vertical Power Booster Grip** ist eine weitere nützliche Option, um Ergonomie und Leistung der X-T2 zu verbessern. Der Griff kann zwei Batterien aufnehmen und die Ausdauer der Kamera so auf mehr als 1000 Aufnahmen erhöhen.

Für einfacheres Arbeiten im Hochformat spiegelt der Griff verschiedene Kamerafunktionen wie den Auslöser, die Q-Taste, den Fokus-Stick, die beiden Einstellräder, die AF-L- und AE-L-Tasten sowie eine Fn-Taste. Der Objektivanschluss liegt auf der optischen Achse und der Handgriff ist gegen Feuchtigkeit und Staub geschützt. Er verfügt über einen eigenen Ladeanschluss und kann zwei Batterien mit dem mitgelieferten Netzteil innerhalb von zwei Stunden aufladen.

Der Vertical Power Booster Grip verfügt zudem über einen dezidierten Boost-Modus-Umschalter. Der Boost-Modus erhöht die AF-Geschwindigkeit und EVF-Bildwiederholrate. In Verbindung mit dem Booster-Griff kann die Kamera von mehr als einer Batterie gleichzeitig Strom beziehen und dadurch weitere Leistungssteigerungen erzielen, die sich auf die Aufnahmedauer von 4K-Videos, die Leistung der Serienbildfunktion, das Aufnahmeintervall, die Auslöseverzögerung und die Dunkelpause (Blackout) im Sucher auswirken.

Abbildung 18: Der **Vertical Power Booster Grip** ist ein nützlicher Begleiter für die X-T2. Ich persönlich nehme ihn nur selten ab. Der Griff verbessert die Handhabung der Kamera in Verbindung mit großen und schweren Objektiven, bietet eine verbesserte Ergonomie bei Aufnahmen im Hochformat und verfügt über einen Kopfhörerausgang für Videoaufnahmen. Nicht minder praktisch sind die beiden zusätzlichen Batterien sowie die Leistungsverbesserungen im Boost-Modus.

| **Entfesselter TTL-Blitz** mithilfe eines Canon OC-E3 TTL-Verlängerungskabels | TIPP 23 |

Grundsätzlich kann die X-T2 mit nahezu jedem Blitzgerät im manuellen Modus eingesetzt werden. Die TTL-Blitzautomatik der Kamera funktioniert jedoch nur mit Fuji-kompatiblen TTL-Blitzgeräten wie dem **EF-20, EF-X20** und **EF-42** (alle drei von Fujifilm) oder dem **Nissin i40**. Fujifilm brachte Ende 2016 außerdem ein neues Profiblitzgerät namens **EF-X500** mit drahtloser TTL-Funktion und High-Speed-Synchronisation (HSS) heraus.

Diese Blitzgeräte werden direkt auf den Blitzanschluss der X-T2 gesteckt. Unverständlicherweise hat Fujifilm auch fünf Jahre nach Einführung des X-Mount-Systems noch keine Zubehörkabel im Programm, um die eigenen TTL-Blitzgeräte entfesselt an den Kameras zu betreiben.

Eine Lösung dieses Dilemmas kommt von Canon in Form eines **OC-E3**-Blitzkabels, das mit dem TTL-Anschluss von Fuji Pin-kompatibel ist. Mit einem solchen Canon-Blitzkabel können Sie die Blitzgeräte EF-20, EF-X20, EF-42 und EF-X500 sowie weitere mit Fuji TTL kompatible Blitzgeräte (etwa von Nissin oder Metz) entfesselt im TTL-Modus betreiben.

TTL bedeutet übrigens »Through the Lens«: Die automatische Blitzbelichtungsmessung erfolgt hier über das von der Kamera empfangene Licht eines schwachen Messvorblitzes.

Bitte beachten Sie, dass Canons OC-E3-Kabel zwar mit dem TTL-*Blitzanschluss* von Fuji kompatibel ist, nicht jedoch mit dem TTL-*Blitzprotokoll*. Es ist also *nicht* möglich, Blitzgeräte von Canon an der X-T2 im TTL-Modus zu betreiben.

Fujifilms kleiner EF-X20-Blitz verfügt außerdem über einen optischen »Slave«-Modus, kann also mithilfe eines (beispielsweise von der Kamera kommenden) Signalblitzes drahtlos ausgelöst werden. Die Blitzleistung des EF-X20 können Sie in diesem Modus allerdings nur manuell steuern, es handelt sich beim Slave-Modus um *keine* TTL-Blitzautomatik.

Abbildung 19: Ein **Canon-kompatibles TTL-Blitzverlängerungskabel** funktioniert auch an der X-T2. Bitte beachten Sie jedoch, dass der zusätzliche Stromkontakt für den Mini-Aufsteckblitz EF-X8 bei diesen Kabeln nicht durchgeschleift wird.

TIPP 24	Probleme mit **Canon TTL-Blitzzubehör**

Der Betrieb von Canon-kompatiblem TTL-Blitzzubehör (etwa Blitzgeräte oder Funksender) am Blitzschuh der X-T2 kann eventuell zu einer Überlastung des Prozessors führen, was eine Erhitzung der Kamera und entsprechende Überhitzungswarnungen zur Folge hat. Der Grund dafür ist gerade die im vorhergehenden Tipp besprochene Kompatibilität der Blitzanschlüsse in Verbindung mit der Inkompatibilität der TTL-Blitzprotokolle.

Diese Probleme können auch dann auftreten, wenn man das Canon-kompatible Zubehör im manuellen Modus betreibt, also eigentlich nur eine simple Blitzauslösung ohne TTL-Belichtungssteuerung wünscht.

Sollten die beschriebenen Probleme bei Ihnen auftreten, haben Sie als Benutzer die folgenden drei Möglichkeiten:

- Verzichten Sie auf die Verwendung des Canon-kompatiblen Blitzzubehörs und ersetzen Sie es durch Geräte mit einem einfachen Mittenkontakt.

- Kleben Sie die TTL-Kontakte des Blitzzubehörs ab, sodass eine elektrische Verbindung zur Kamera nur noch über den Mittenkontakt besteht und kein TTL-Signalaustausch mehr stattfinden kann.

- Verwenden Sie einen Adapter, der die TTL-Kontakte des Blitzgeräts von denen der Kamera isoliert, also nur noch das Synchronsignal des Mittenkontakts zum Blitzgerät oder Funksender durchschleift. Solche Adapter gibt es für wenig Geld im Fachhandel.

Bitte denken Sie daran, dass ein sicherer und problemloser Blitzbetrieb grundsätzlich nur mit Zubehör gewährleistet ist, das ausdrücklich mit den Blitzanschlüssen und dem TTL-Protokoll der Fujifilm X-Serie kompatibel ist – oder mit Zubehör, das lediglich über einen einzelnen Mittenkontakt und keine weiteren Anschlüsse verfügt. Blitzzubehör, welches diese Voraussetzungen nicht erfüllt, kann trotzdem funktionieren – es gibt dafür jedoch keine Garantie.

Fernauslöser – für die X-T2 gibt's drei Varianten.	TIPP 25

Es gibt immer wieder Situationen, in denen Sie Ihre Kamera erschütterungsfrei auslösen möchten. Neben dem eingebauten Selbstauslöser mit einem Vorlauf von zehn oder zwei Sekunden bietet sich hierfür ein Fernauslöser an, den Sie als Zubehör im Fachhandel kaufen können.

Die X-T2 besitzt drei verschiedene Anschlüsse für Fernauslöser:

- das **Gewinde im Auslöseknopf** für den Anschluss traditioneller mechanischer Drahtauslöser,

- den **RR-90-Anschluss** (Micro-USB-Port) für den Anschluss von entsprechenden elektronischen Fernauslösern und

- einen **Fernauslöseranschluss** (2,5-mm-Klinkenbuchse) für den Anschluss von elektronischen Fernauslösern.

Bei elektronischen Fernauslösern haben Sie die Wahl zwischen kabelgebundenen und drahtlosen Lösungen. Drahtlose Fernauslöser bestehen aus einer Sender- und Empfangseinheit. Mit dem Sender lösen Sie die Kamera aus, während der Empfänger mit der Kamera entweder über den RR-90- oder den Fernauslöseranschluss verbunden ist.

Fujifilm selbst bietet einen einfachen RR-90-Fernauslöser mit Kabelanschluss an, darüber hinaus gibt es von Drittherstellern eine Reihe von kabelgebundenen und kabellosen Lösungen.

Abbildung 20: Der **RR-90-Fernauslöser** von Fujifilm ist eine simple und zuverlässige Fernsteuerung für Ihre X-T2.

Im Fachhandel gibt es außerdem Adapter, mit deren Hilfe man RR-80-kompatible Fernauslöser (etwa für die X-E1) an den neueren RR-90-Standard anpassen kann. Bitte beachten Sie, dass ein simpler USB-Adapter hier nicht funktioniert, Sie benötigen einen dezidierten RR-80-auf-RR-90-Adapter.

Der Fernauslöseranschluss der X-T2 entspricht einem weit verbreiteten Canon-Fernauslöser-Standard und ist unter anderem mit folgenden Kameras kompatibel: Canon EOS Digital Rebel, Canon EOS 1000D, Canon EOS 100D, Canon EOS 1100D, Canon EOS 300D, Canon EOS 350D, Canon EOS 400D, Canon EOS 450D, Canon EOS 500D, Canon EOS 550D, Canon EOS 600D, Canon EOS 60D, Canon EOS 60Da, Canon EOS 650D, Canon EOS 700D, Canon EOS Kiss Digital, Canon EOS Kiss F, Canon EOS Kiss Digital N, Canon EOS Kiss X2, Canon EOS Kiss X3, Canon EOS Kiss X4, Canon EOS Kiss X5, Canon EOS

Kiss X50, Canon EOS Kiss X6i, Canon PowerShot G1 X, Canon PowerShot G10, Canon PowerShot G11, Canon PowerShot G12, Canon PowerShot G15, Canon PowerShot SX50 HS, Canon EOS Rebel SL1, Canon EOS Rebel T1i, Canon EOS Rebel 70 T2i, Canon EOS Rebel T3, Canon EOS Rebel T3i, Canon EOS Rebel T4i, Canon EOS Rebel XS, Canon EOS Rebel XSi, Canon EOS Rebel XT, Canon EOS Rebel XTi, Canon EOS Rebel T5i, Contax 645, Contax N, Contax N Digital, Contax N1, Contax NX, Hasselblad H1, Hasselblad H3D, Hasselblad H4D-200MS, Hasselblad H4D-31, Hasselblad H4D-40, Hasselblad H4D-50, Hasselblad H4D-50MS, Hasselblad H4D-60, Pentax 645D, Pentax *ist D, Pentax *ist DL, Pentax *ist DL2, Pentax *ist DS, Pentax *ist DS2, Pentax K-30, Pentax K-5, Pentax K-7, Pentax K-m, Pentax K-10 Grand Prix, Pentax K100D, Pentax K100D Super, Pentax K10D, Pentax K110D, Pentax K200D, Pentax K20D, Pentax MZ-6, Pentax MZ-L, Pentax ZX-L, Samsung GX-1L, Samsung GX-1S, Samsung GX-20, Samsung NX10, Samsung NX100, Samsung NX11, Samsung NX5, Sigma SD1, Sigma SD1 Merrill und Sigma SD15.

Diese Liste ist sicherlich nicht vollständig, aber ein recht guter Anhaltspunkt. Fernauslöser, die mit einer der oben genannten Kameras funktionieren, sollten auch mit Ihrer X-T2 zusammenarbeiten.

Das Angebot an Fernauslösezubehör ist reichhaltig: Neben einfachen Produkten, die lediglich die drei Funktionen des Kameraauslösers nachahmen (halb angedrückter Auslöser, voll durchgedrückter Auslöser und BULB-Langzeitbelichtung), gibt es auch Auslöser mit Steuerungsmechanismen für Intervallaufnahmen. Ein besonders vielseitiges Modell ist *Triggertrap* für iOS- und Android-Smartphones. Weitere Informationen finden Sie auf der Website [14] des Anbieters.

Selbstverständlich können Sie die Kamera auch einfach über Wi-Fi mit der kostenlosen Fujifilm Camera Remote-App [15] für iOS und Android fernsteuern.

2. FOTOGRAFIEREN MIT DER X-T2

2.1 AUF DIE PLÄTZE, FERTIG, LOS!

Eine der am häufigsten gestellten Fragen frischgebackener Benutzer ist die nach den »optimalen Einstellungen« für ihre neue Kamera.

Die kurze Antwort: Es gibt keine. Gäbe es sie, hätte sich Fujifilm in der X-T2 viele Menüoptionen sparen und die Kamera stattdessen fest mit diesen »optimalen Einstellungen« ausliefern können.

Natürlich ist diese kurze Antwort für Sie nicht befriedigend. Deshalb gibt es auch eine lange Antwort:

- Ich kann Ihnen aus meiner praktischen Erfahrung mit Fuji X-Kameras und speziell der X-T2 sinnvolle Empfehlungen für Grundeinstellungen geben, die größtmögliche Performance und Flexibilität versprechen. Mit diesen Einstellungsempfehlungen möchte ich dieses Kapitel beginnen.

- Zahlreiche weitere Einstellungen (wie Filmsimulation, Farbsättigung, Kontrast, Schärfung, Rauschunterdrückung, künstliches Filmkorn etc.) gehören zur Kategorie der »JPEG-Parameter«, betreffen also nur das Erscheinungsbild der JPEG-Ergebnisse, die in der Kamera aus den RAW-Daten gewonnen werden. Diese Einstellungen sind nicht kamera-, sondern bildspezifisch und sollten deshalb für jede Aufnahme individuell angepasst und optimiert werden.

- Neben den empfehlenswerten Grundeinstellungen gibt es eine ganze Reihe von Abkürzungen und Tastenkombinationen, um schneller und direkter auf häufig verwendete Features und Funktionen zugreifen zu können. Ich werde Ihnen diese »Shortcuts« in einem eigenen Beitrag vorstellen.

| Empfehlenswerte Grundeinstellungen für Ihre X-T2 | TIPP 26 |

Eine einzige perfekte Kameragrundeinstellung für alle Benutzer und Situationen gibt es nicht. Es gibt jedoch Erfahrungswerte und Zielvorstellungen. Die folgenden Einstellungen dienen nach meinem Dafürhalten dem Ziel, mit der X-T2 möglichst flexibel und mit maximaler Leistung arbeiten zu können:

- Verwenden Sie **Auto-ISO,** indem Sie das ISO-Einstellrad auf »A« stellen und eine der drei verfügbaren Auto-ISO-Voreinstellungen (AUTO1–3) mit AUFNAHME-EINSTELLUNG > AUTM. ISO-EINST. auswählen, um Ihnen und Ihrer X-T2 mehr Spielraum für eine korrekte Belichtung und Signalverstärkung zu geben. Die jeweilige Auto-ISO-Feineinstellung können Sie anpassen, indem Sie die rechte Richtungstaste drücken und anschließend passende Werte für STANDARDEMPFINDLICHKEIT (ich empfehle 200), MAX.EMPFINDLICHKEIT (ich empfehle 12800) und die MIN. VERSCHL.ZEIT eingeben. Keine Angst: Selbst an der Obergrenze von ISO 12800 können sich die Bildergebnisse des X-Trans-Sensors sehen lassen! Wenn Sie Auto-ISO verwenden, sollten Sie unter MIN. VERSCHL. ZEIT stets eine zum Motiv und zur gewählten Brennweite passende Mindestverschlusszeit einstellen. Eine beliebte Standardeinstellung der Kamera für die Auto-ISO-Mindestverschlusszeit ist 1/60 s, Sie können diesen Wert jedoch zwischen 1/4 s und 1/500 s beliebig ändern. Mit einem stabilisierten Objektiv (OIS) sind auch längere Verschlusszeiten ohne Verwackeln möglich. Bei bewegten Motiven wiederum bietet es sich an, die Mindestverschlusszeit zu verkürzen, um Bewegungsunschärfe zu vermeiden. Meine persönlichen Einstellungen für die MIN. VERSCHL.ZEIT von AUTO1, AUTO2 und AUTO3 sind 1/60s (Landschaft), 1/160s (Porträts) und 1/500s (Action).

- Wählen Sie im Quick-Menü bzw. unter BILDQUALITÄTS-EINSTELLUNG > BILDQUALITÄT die Option **FINE+RAW,** um hochauflösende JPEGs aus der Kamera (»digitale Bildabzüge«) und gleichzeitig flexible RAW-Dateien (»digitale Negative«) zu erhalten. Die RAW-Datei gibt Ihnen die Möglichkeit, in der Kamera mithilfe des eingebauten RAW-Konverters (WIEDER-

GABEMENÜ > RAW-KONVERTIERUNG) JPEGs mit jeweils unterschiedlichen bzw. optimierten Einstellungen zu erzeugen. Dabei handelt es sich um sogenannte JPEG-Parameter wie Weißabgleich, Filmsimulation, Rauschunterdrückung oder Farbsättigung. Auf diese Weise können Sie von einer Aufnahme zum Beispiel eine farbige und eine schwarz-weiße Version mit jeweils unterschiedlichen Kontrasteinstellungen erzeugen. Und: Sie brauchen sich bei der Aufnahme selbst keine Gedanken über die »perfekten« JPEG-Einstellungen zu machen, da Sie diese später mit dem eingebauten RAW-Konverter jederzeit verändern und optimieren können.

- Die typische Grundeinstellung der Kamera ist **Einzelbild-Autofokus** (AF-S, wählen Sie hierzu S vorne am Fokuswahlschalter) sowie Einzelbild (S) am DRIVE-Einstellrad.

- Die flexibelste Einstellung für den AF-S-Autofokus ist **Einzelpunkt-AF** (AF/MF-EINSTELLUNG > AF MODUS > EINZELPUNKT). Dieser Modus gestattet es Ihnen, den Bereich selbst festzulegen, auf den die Kamera scharfstellen soll. Hierzu verwenden Sie am besten den Fokus-Stick oder wählen AF/MF-EINSTELLUNG > FOKUSSIERBEREICH und selektieren mit den vier Richtungstasten (Pfeiltasten) anschließend eins von 91 oder 325 AF-Feldern, die in jeweils fünf verschiedenen Größen zur Verfügung stehen. Die Größe eines AF-Felds können Sie durch Drehen eines der beiden Einstellräder verändern. Durch *Drücken* (nicht Drehen) des hinteren Einstellrads gelangen Sie dabei direkt zur Standardfeldgröße zurück und durch Drücken der DISP/BACK-Taste (oder des Fokus-Sticks) springen Sie direkt zum mittleren AF-Feld. Drücken Sie OK oder tippen Sie den Auslöser kurz an, um Ihre AF-Feldauswahl zu bestätigen. Die Kamera stellt dann in den Modi AF-S und AF-C auf den von Ihnen ausgewählten Bereich scharf, sobald Sie den Auslöser halb durchdrücken.

- Im Gegensatz zu den meisten Spiegelreflexkameras arbeitet die X-T2 mit einem **hybriden Autofokussystem** – einer Mischung aus Kontrastdetektionsautofokus (CDAF) und Phasendetektionsautofokus (PDAF). Die Hauptlast trägt dabei der CDAF, der über die gesamte Sensorfläche zur Verfügung steht. Der schnellere PDAF deckt hingegen bloß die mittleren

AF-Felder (etwa 40 % der Sensorfläche) ab und funktioniert nur unter hinreichend guten Lichtbedingungen. Beide AF-Methoden arbeiten am genauesten mit einem möglichst kleinen AF-Feld, kommen mit einem größeren AF-Feld jedoch schneller ans Ziel. Daraus leitet sich die Grundregel ab, das AF-Feld beim Einzelpunkt-AF so klein wie nötig und so groß wie möglich einzustellen.

- Stellen Sie die X-T2 auf maximale Leistung ein und wählen Sie EINRICHTUNG > POWER MANAGEMENT > LEISTUNG > VERSTÄRK. Nur in diesem werksseitig ausgeschalteten Modus erreicht die X-T2 die von Fujifilm beworbenen Leistungsdaten, etwa die maximal mögliche Bildwiederholrate im EVF und die damit zusammenhängende größtmögliche AF-Performance. Die Kamera verbraucht im **Boost-Modus** etwas mehr Energie, sodass Sie den Ratschlag, stets einen oder mehrere voll aufgeladene Ersatzakkus mitzuführen, beherzigen sollten.

- Eine weitere Verbesserung der AF-Leistung ist mit der Einstellung AF/MF-EINSTELLUNG > PRE-AF > AN möglich. **Pre-AF** sorgt dafür, dass die Kamera auch dann fortwährend auf das Motiv unter dem gerade ausgewählten AF-Feld oder der ausgewählten Zone vorfokussiert, wenn Sie den Auslöser nicht halb durchdrücken. Dies kann im Moment des eigentlichen Fokussierens – wenn Sie den Auslöser schließlich halb durchdrücken – wertvolle Sekundenbruchteile sparen, führt jedoch zu einem erhöhten Energieverbrauch sowie zu permanenten Objektivgeräuschen. Deshalb verwende ich diese Einstellung nur in Ausnahmefällen.

- Stellen Sie AF/MF-EINSTELLUNG > PRIO. AUSLÖSEN/FOKUS sowohl für AF-S als auch AF-C auf FOKUS. Dies stellt sicher, dass die Kamera nur dann ein Bild aufnimmt, wenn der Autofokus glaubt, ein Ziel gefunden zu haben. In der Einstellung AUSLÖSEN macht die X-T2 auch dann eine Aufnahme, wenn der Autofokus kein Ziel findet. Bitte beachten Sie, dass AF-S im Modus AF+MF stets mit Auslösepriorität operiert. Apropos: Meine empfohlene Grundeinstellung für AF/MF-EINSTELLUNG > AF+MF ist AN.

- Wenn Sie mehrere Aufnahmen hintereinander in schneller Folge machen möchten, bietet es sich an, EINRICHTUNG > DISPLAY-EINSTELLUNG > BILDVORSCHAU auf AUS zu stellen, um Ihren Arbeitsfluss nicht zu unterbrechen. Normalerweise verwende ich für die **Bildvorschau** jedoch die Einstellung 0,5 SEK, um nach jedem gemachten Bild eine kurze Einblendung des Bildergebnisses im Sucher oder auf dem Display zu sehen. Sie können die eingeblendete Bildvorschau jederzeit abbrechen und weiterfotografieren, indem Sie kurz den Auslöser antippen.

- Wählen Sie für den Sucher (EVF) und den LCD-Bildschirm auf der Kamerarückseite mithilfe der DISP/BACK-Taste jeweils einen Anzeigemodus mit Informationseinblendungen. Nur dann stehen Ihnen wichtige Hilfsmittel wie die elektronische Wasserwaage, das Live-Histogramm und die elektronische Distanz- und Schärfentiefe-Anzeige zur Verfügung. Welche Elemente in der Anzeige genau erscheinen (oder nicht erscheinen) sollen, können Sie unter EINRICHTUNG > DISPLAY-EINSTELLUNG > DISPLAY EINSTELL. selbst festlegen. Auf jeden Fall sollten Sie hier unbedingt das Live-Histogramm auswählen. Ich persönlich kreuze hier sogar *alle* verfügbaren Optionen an. Bitte beachten Sie, dass Sie den Anzeigemodus für den Sucher und den LCD-Bildschirm jeweils getrennt auswählen müssen. Die DISP/BACK-Taste ändert nämlich immer nur den Anzeigemodus des *gerade aktiven* Bildschirms. Wenn Sie den Anzeigemodus des Suchers (EVF) ändern möchten, muss also der Sucher aktiv sein, wenn Sie DISP/BACK drücken – etwa indem Sie bei aktiviertem Augensensor durch den Sucher schauen, wenn Sie die DISP/BACK-Taste drücken.

- Benutzen Sie die VIEW MODE-Taste, um den **Augensensor** und damit die automatische Umschaltung zwischen Sucher (EVF) und LCD-Bildschirm zu aktivieren. Der alternative Modus NUR EVF + AUGENSENSOR ist ein guter Energiesparmodus für Sucher-Fans, der die Handhabung der Kamera allerdings insofern erschwert, als der LCD-Bildschirm dann im Aufnahmemodus für Menüeinstellungen nicht mehr zur Verfügung steht.

- Ich empfehle Ihnen MEHRFELD als Grundeinstellung für die **Belichtungsmessung,** da die »intelligente« Matrixmessung in der Praxis meist für gute Ergebnisse ohne dramatischen Korrekturbedarf sorgt. Die anderen Modi SPOT, MITTEN-BETONT und INTEGRAL werden dadurch jedoch nicht überflüssig. Sie können den Modus für die Belichtungsmessung mit dem dafür vorgesehenen Einstellrad auswählen. Es befindet sich unter dem Belichtungszeitenwahlrad.

- Stellen Sie BILDQUALITÄTS-EINSTELLUNG > WEISSABGLEICH auf AUTO ein, um der Kamera die Ermittlung der passenden **Farbtemperatur** für Ihr Motiv zu überlassen. Da Sie mit FINE+RAW fotografieren, können Sie den Weißabgleich später jederzeit selbst anpassen – entweder in der Kamera mithilfe des eingebauten RAW-Konverters oder mit einem externen RAW-Konverter wie Adobe Lightroom. Oft liegt die Kamera mit AUTO aber schon goldrichtig – oder liefert zumindest einen guten Ausgangspunkt für weitere Anpassungen.

- Wenn Sie es sich (zu) einfach machen wollen, wählen Sie BILDQUALITÄTS-EINSTELLUNG > DYNAMIKBEREICH > AUTO, um der X-T2 die Möglichkeit zu geben, den **Dynamikumfang** des Bildergebnisses bei Bedarf um eine Blendenstufe zu erhöhen. Die Kamera entscheidet in dieser Einstellung selbst, ob das Motiv normal mit DR100% oder mit einer Blendenstufe zusätzlicher Lichterdynamik (DR200%) aufgenommen wird. Bitte beachten Sie, dass DR400% (für zwei zusätzliche Blendenstufen Lichterdynamik) bei der X-T2 im automatischen Dynamikmodus nicht zur Verfügung steht und stets manuell ausgewählt werden muss. Die erweiterte Lichterdynamik sorgt dafür, dass helle Bereiche Ihres Motivs (zum Beispiel Wolken an einem Sonnentag) nicht ausfressen, sondern ihre Struktur bewahren. Wenn Sie allerdings die Kontrolle über den Dynamikumfang Ihrer Bilder nicht an eine dumme Automatik abgeben möchten, die Ihre Gedanken bezüglich der angestrebten Bildwirkung naturgemäß nicht lesen kann, sollten Sie den Dynamikumfang (DR100%, DR200% oder DR400%) immer selbst einstellen. Als Grundeinstellung dient dann DR100%.

- Wenn Sie **Fremdobjektive** an Ihrer X-T2 betreiben möchten, müssen Sie entweder den Leica M-Adapter von Fujifilm verwenden oder EINRICHTUNG > TASTEN/RAD-EINSTELLUNG > AUFN. OHNE OBJ. > AN auswählen. Die Kamera macht mit dieser Einstellung auch dann Fotos, wenn kein Objektiv angeschlossen ist oder sie kein solches erkennen kann, weil das Objektiv keine elektronischen X-Mount-Kontakte besitzt. Wenn Sie mit einem Fremdobjektiv arbeiten, sollten Sie dessen Brennweite außerdem in AUFNAHME-EINSTELLUNG > ADAPTEREINST. auswählen oder eintragen, damit die Brennweite später in den EXIF-Daten [16] korrekt angezeigt wird.

- Machen Sie hin und wieder Aufnahmen mit langen Belichtungszeiten von mehreren Sekunden? In diesem Fall sollten Sie BILDQUALITÄTS-EINSTELLUNG > NR LANGZ. BELICHT. > AN einstellen, um die Qualität entsprechender Bildergebnisse zu verbessern. Die Kamera nimmt dann einen sogenannten **Schwarzbildabzug** vor, um Bildfehler wie Hot Pixel auszugleichen. Dadurch verdoppelt sich allerdings auch die Belichtungszeit, da die Kamera das Bild zweimal – einmal normal und einmal mit geschlossenem Verschluss – aufzeichnet und die beiden Ergebnisse verrechnet, ehe die RAW- und JPEG-Dateien erzeugt werden.

- Es mag verlockend sein, die **Helligkeit des elektronischen Suchers** auf AUTO zu stellen, ich rate Ihnen jedoch davon ab. Die automatische Helligkeitsanpassung zeigt an sonnigen Tagen nämlich gerne ein unrealistisch helles und bei schwachem Licht ein unrealistisch dunkles Sucherbild. Deshalb stelle ich die EVF-Helligkeit lieber mit EINRICHTUNG > DISPLAY-EINSTELLUNG > EVF HELLIGKEIT > MANUELL auf den neutralen Wert 0 ein. Diesen Wert verwende ich auch für den rückwärtigen LCD-Bildschirm.

- Bei diesem Buch gehen wir davon aus, dass sowohl BLENDE AF als auch BLENDE AE (im Menü EINRICHTUNG > TASTEN/RAD-EINSTELLUNG) auf AN stehen, was auch den Werkseinstellungen der Kamera entspricht. Auf diese Weise werden Autofokus und Belichtung festgelegt, wenn der Auslöser halb durchgedrückt wird, sodass die Aufnahme (dank voreingestelltem Fokus und voreingestellter Arbeitsblende) mit minimaler Auslöseverzögerung gemacht werden kann, wenn der Auslöser schließlich ganz durchgedrückt wird.

- Ich verwende EINRICHTUNG > TASTEN/RAD-EINSTELLUNG > BEDIEN-RAD-EINST. > S.S. F, um die X-T2 mit anderen X-Serie-Kameras kompatibel zu halten, bei denen das vordere Einstellrad zum Anpassen der

Verschlusszeit und das hintere (bei Objektiven ohne Blendenring) zum Einstellen der Blende verwendet wird. Alle entsprechenden Tipps in diesem Buch gehen von dieser Einstellung aus.

Praktische Shortcuts für die X-T2 – vermeiden Sie den Umweg über das Kameramenü!	TIPP 27

Der Weg über verschachtelte Menüs ist in der Fotopraxis oft recht umständlich. Deshalb verfügt die X-T2 über das Quick-Menü (Q-Taste) sowie konfigurierbare Fn-Tasten, die Ihnen einen direkten Zugriff auf wichtige und häufig benutzte Kamerafunktionen und -einstellungen erlauben.

Darüber hinaus besitzt die X-T2 konfigurierbare Speicherplätze für sieben Sets mit häufig verwendeten Einstellungen (C1 bis C7), die Sie über das Quick-Menü oder eine entsprechend konfigurierte Fn-Taste bequem auswählen können. Dabei werden die aktuellen Kameraeinstellungen mit den Einstellungen des jeweils ausgewählten Sets überschrieben. Es handelt sich bei C1 bis C7 also *nicht* um Kameramodi, sondern lediglich um Speicherplätze für Einstellungen, die Sie direkt abrufen und dann als Ihre neuen aktuellen Einstellungen verwenden können.

Schließlich besitzt die Kamera auch noch ein sogenanntes MEIN MENÜ, in dem Sie häufig verwendete Menübefehle auf übersichtlichen Menüseiten selbst zusammenstellen können.

Damit nicht genug: Die X-T2 verfügt auch über eine Reihe von Abkürzungen (Shortcuts) – und zwar buchstäblich auf Tastendruck:

- Halten Sie im bereits aufgerufenen(!) Quick-Menü die Q-Taste einige Sekunden lang gedrückt, um direkt ins Konfigurationsmenü für die benutzerdefinierbaren Einstellungen C1 bis C7 zu gelangen.

- Drücken Sie im *nicht* aufgerufenen(!) Quick-Menü die Q-Taste einige Sekunden lang, um direkt zur Konfiguration des Quick-Menüs zu gelangen. In diesem Modus können Sie selbst festlegen, welche der zur Auswahl stehenden Einstellungen Sie auf jeden der 16 Shortcuts im Quick-Menü legen möchten. Dabei steht auch die Option KEINE zur Auswahl, mit der Sie das Quick-Menü verkleinern und übersichtlicher gestalten können.

- Drücken und halten Sie im Aufnahmemodus die MENU/OK-Taste, um die Richtungstasten und die Q-Taste zu blockieren und vor einem versehentlichen Zugriff zu schützen. Drücken und halten Sie die MENU/OK-Taste erneut, um den Tastenschutz wieder aufzuheben. Ist der Tastenschutz aktiv, erscheint ein kleines Vorhängeschloss-Symbol in der Anzeige.

- Um zu sehen, wo sich die Funktionstasten befinden und wie sie belegt sind, drücken und halten Sie im Aufnahmemodus die DISP/BACK-Taste. In diesem Menü können Sie dann auch gleich die Belegung sämtlicher Fn-Tasten ändern.

- Um im Aufnahmemodus eine in einem Menü ausgewählte Funktion zu bestätigen, können Sie anstelle der MENU/OK-Taste auch einfach den Auslöser halb durchdrücken.

- Drücken Sie den Auslöser halb durch, um vom Wiedergabemodus direkt in den Aufnahmemodus zu wechseln.

- Drücken Sie den Auslöser halb durch, um eine laufende Bildvorschau (siehe EINRICHTUNG > DISPLAY-EINSTELLUNG > BILDVORSCHAU) abzubrechen und sofort weitere Aufnahmen machen zu können.

- Halten Sie den Auslöser einige Sekunden lang halb durchgedrückt, um die schlafende Kamera aus dem Energiesparmodus aufzuwecken.

- Drücken Sie im AF-S-Einzelpunkt-Modus oder MF-Modus das hintere Einstellrad, um den gewählten Bildausschnitt im Live-View zu vergrößern. Drehen Sie anschließend das Einstellrad, um zwischen zwei verfügbaren Vergrößerungsstufen zu wechseln.

- Drücken und halten Sie im MF-Modus das hintere Einstellrad, um zwischen den verfügbaren manuellen Fokushilfen zu wechseln. Zur Auswahl stehen digitales Schnittbild, Focus Peaking und ein Standardbild ohne MF-Assistenz.

- Drücken Sie bei der Auswahl eines Autofokusfelds ein Einstellrad, um die Größe des Autofokusfelds bzw. einer AF-Zone zurückzusetzen, und drehen Sie an einem der beiden Einstellräder, um die Größe des AF-Felds oder einer AF-Zone zu ändern. Drücken Sie die DISP/BACK-Taste, um die

Position des AF-Felds bzw. der Zone auf die Bildmitte zurückzusetzen. Mit den vier Richtungstasten oder dem Fokus-Stick können Sie ein AF-Feld oder eine AF-Zone manuell verschieben.

- Drücken und halten Sie im Aufnahmemodus den Fokus-Stick, um direkt zu den Stick-Optionen zu gelangen. Sie haben hier die Wahl, den Fokus-Stick ganz abzuschalten, ihn nur auf Druck zu aktivieren oder ihn stets funktionsbereit zu halten. In diesem Buch gehen wir stets von der zuletzt genannten Option ON aus, das heißt, der Fokus-Stick ist immer direkt funktionsbereit.

- Drücken Sie im Aufnahmemodus den Fokus-Stick, um zur Fokusfeld- bzw. Fokuszonenauswahl zu gelangen. Hier können Sie das aktuelle Fokusfeld verschieben und auch die Größe der Fokusfelder bzw. Fokuszonen mit einem der beiden Einstellräder verändern. Drücken Sie den Fokus-Stick in diesem Modus erneut, um das Fokusfeld bzw. die Fokuszone zu zentrieren.

- Wenn Sie den Fokus-Stick im Aufnahmemodus direkt in eine der acht möglichen Richtungen bewegen, können Sie das aktive Fokusfeld bzw. die aktive Fokuszone unmittelbar verschieben, jedoch nicht ihre Größe ändern. Zum Ändern der Feldgröße müssen Sie den Fokus-Stick kurz drücken, um zur eigentlichen Auswahl des Fokussierbereichs zu gelangen.

- Drehen Sie im Wiedergabemodus das hintere Einstellrad, um in ein Bild hineinzuzoomen. Mit DISP/BACK gelangen Sie dabei jederzeit zurück zur Vollansicht. Benutzen Sie das vordere Einstellrad, um rasch durch die aufgenommenen Bilder zu blättern.

- Drücken Sie im Wiedergabemodus das hintere Einstellrad, um direkt zu einer auf 100 % vergrößerten Ansicht der gerade betrachteten Aufnahme zu gelangen. Befinden Sie sich bereits in einer vergrößerten oder verkleinerten Bildansicht bzw. -übersicht, kehren Sie mit einem weiteren Druck des hinteren Einstellrads direkt zur regulären Vollansicht der ausgewählten Aufnahme zurück.

- Drücken Sie im Wiedergabemodus die Q-Taste, um den eingebauten RAW-Konverter direkt aufzurufen. Dort können Sie weitere JPEG-Abzüge

Ihrer RAW-Datei erstellen und zahlreiche Aufnahmeparameter nachträglich ändern. Diese Funktion steht selbstverständlich nur dann zur Verfügung, wenn die ausgewählte Aufnahme auch im RAW-Format gespeichert wurde.

- Drücken Sie im Wiedergabemodus die obere Richtungstaste, um die erste von zwei Bildschirmseiten mit erweiterten Bildinformationen und dem bei der Aufnahme aktiven Fokuspunkt (grünes Kreuz) anzuzeigen. Diese Funktion steht in der Favoritenansicht nicht zur Verfügung.

- Der Fokus-Stick kann im Wiedergabemodus alternativ zum Steuerkreuz und der MENU/OK-Taste verwendet werden. Das ist aufgrund der acht verfügbaren Richtungen vor allem beim Navigieren durch vergrößerte Bildansichten ausgesprochen praktisch.

- Drücken und halten Sie im Wiedergabemodus die Wiedergabetaste, um bei der Verwendung von zwei Speicherkarten das Speicherkartenfach zu wechseln.

- Drücken und halten Sie die LÖSCHTASTE (Papierkorb-Symbol) für etwa drei Sekunden und drücken Sie dann das hintere Einstellrad, während Sie die LÖSCHTASTE weiterhin gedrückt halten, um direkt zum Menü für die Kartenformatierung zu gelangen.

TIPP 28 | Empfohlene Belegung der Fn-Tasten

Eine sinnvolle Belegung der Fn-Tasten Ihrer X-T2 erspart Ihnen unnötige und umständliche Aufrufe des Kameramenüs. Ich habe meine X-T2 so konfiguriert, dass ich beim Fotografieren möglichst nicht ins Kameramenü abtauchen muss – alle für mich wichtigen Einstellungen sind über Fn-Tasten, das Quick-Menü und notfalls MEIN MENÜ erreichbar.

Um die Belegung der Fn-Tasten der Kamera in einem Aufwasch anzuzeigen und zu verändern, drücken und halten Sie die DISP/BACK-Taste im Aufnahmemodus so lange gedrückt, bis das Konfigurationsmenü EINST. TASTE Fn/AE-L/AF-L erscheint.

Hier lesen Sie meine empfohlene Fn-Tastenbelegung:

- **Fn1: LEISTUNG.** Fn1 ist meine »Wild Card« – hier lege ich eine Funktion ab, die ich im aktuellen Einsatz gerade häufiger benötige. Hier können wir etwa den Boost-Modus schnell ein- und ausschalten (= serienmäßige Belegung). Da der Vertical Power Booster Grip jedoch über einen eigenen Boost-Umschalter verfügt, wird diese Funktion bei Verwendung des Griffs überflüssig, sodass wir die Taste anderweitig nutzen können – etwa einen WEISSABGLEICH auswählen oder direkt auf EINSTELLUNG BLITZFUNKTION zugreifen. Die Taste eignet sich beim Blitzen im TTL-Modus auch zum Aktivieren der TTL-SPERRE.

- **Fn2: AF MODUS.** Fujifilms Autofokussystem verfügt neben AF-S und AF-C (für die es einen Umschalter an der Kameravorderseite gibt) über drei weitere AF-Modi, die mit AF-S oder AF-C kombiniert werden können: EINZELPUNKT, ZONE und WEIT/VERFOLGUNG. Um auch zwischen diesen drei Einstellungen schnell umschalten zu können, ist es sinnvoll, die entsprechende Auswahl auf eine Funktionstaste zu legen. Ich persönlich bevorzuge hierfür die an der Kameravorderseite liegende Fn2-Taste.

- **Fn3: AF-C BENUTZERDEF.EINST.** Die benutzerdefinierten AF-C-Einstellungen ermöglichen die Feinabstimmung der X-T2 in Bezug auf Action-Bilder und alle Aufnahmesituationen mit sich bewegenden Motiven. In solchen Situationen muss es in der Regel schnell gehen, sodass ich auf dieses Menü über eine Fn-Taste direkt zugreifen möchte.

- **Fn4: Auto-ISO.** Die Auto-ISO-Einstellung ist eine wichtige Funktion, deshalb sollte sie auf einer Fn-Taste liegen, um schnell zwischen den drei verfügbaren Auto-ISO-Einstellungen wechseln zu können.

- **Fn5: DYNAMIKBEREICH.** Die DR-Funktion ist bei Kameras von Fujifilm besonders leistungsfähig, deshalb habe ich sie gern in Griffweite. Mit dem transparenten Menü kann man die Wirkung der unterschiedlichen Einstellungen (DR100%, DR200%, DR400%) zudem sofort im Live-View sehen.

- **Fn6: GESICHTSERKENNUNG.** Auch diese Funktion habe ich gerne schnell zur Hand, um die Gesichts- und Augenerkennung bei Bedarf ohne Umwege aktivieren und anschließend genauso schnell wieder ausschalten zu können.

- **AF-L und AE-L:** In the X-T2 dienen die AF-L- und AE-L-Tasten auch als Fn-Tasten, können also umgewidmet werden. Allerdings rate ich davon ab, ihre Funktion zu ändern, da sowohl AF-L als auch AE-L wichtige Kamerafunktionen sind. Wenn Sie allerdings von einer DSLR auf die X-T2 umsteigen und gerne mit der AF-ON-Funktion arbeiten (auch »back button focussing« genannt), kann es sinnvoll sein, der AF-L-Taste die Funktion AF-ON zuzuweisen.

TIPP 29	Verwenden Sie stets **FINE+RAW**!

Die Frage »RAW oder JPEG?« [17] stellt sich bei der X-T2 und anderen X-Serie-Kameras nicht wirklich: Am sinnvollsten ist es, stets *beide* Formate gleichzeitig aufzunehmen und zu speichern, also BILDQUALITÄTS-EINSTELLUNG > BILDQUALITÄT > FINE+RAW einzustellen. Dies gilt unabhängig davon, ob Sie sich selbst als eingefleischten RAW- oder JPEG-Shooter betrachten.

Eingefleischte RAW-Shooter erhalten mit FINE+RAW folgende Vorteile:

- Das JPEG kann bei einer externen RAW-Entwicklung als Referenz dienen, die es zu schlagen gilt.

- Eine Fokuskontrolle in der 100 %-Ansicht ist nur mit einem hochauflösenden JPEG möglich. Das in der RAW-Datei eingebettete JPEG ist dafür leider zu klein. Sie benötigen also ein zusätzliches hochauflösendes JPEG, um kritische Schärfe im Wiedergabemodus sicher beurteilen zu können. Achten Sie darauf, dass bei BILDQUALITÄTS-EINSTELLUNG > BILDGRÖSSE eine Option ausgewählt ist, die mit einem L wie »Large« beginnt.

- Das BILDGRÖSSE-Menü steht im reinen RAW-Modus *nicht* zur Verfügung. Die Aufnahmeformate 1:1 und 16:9 können folglich nur in den JPEG-Modi oder in FINE+RAW ausgewählt werden. Wenn Sie als RAW-Shooter eines dieser beiden alternativen Bildformate verwenden möchten, sollten Sie deshalb immer FINE+RAW auswählen. Autofokus und Belichtungsmessung der Kamera richten sich nach dem eingestellten Bildformat und liefern damit bessere und zuverlässigere Resultate. Keine Angst: Die RAW-Datei wird dennoch in voller Auflösung und im nativen 3:2-Format aufgezeichnet, sodass Sie den Beschnitt später jederzeit ändern können. Es gehen also keine Bilddaten verloren. Auch eine im eingebauten RAW-Konverter der Kamera erzeugte JPEG-Kopie hat stets die maximale Auflösung und das volle 3:2-Format.

Eingefleischte JPEG-Shooter erhalten mit FINE+RAW folgende Vorteile:

- Niemand ist in der Lage, die Belichtung, den Weißabgleich sowie alle JPEG-Parameter (Farbe, Filmsimulation, Schärfe, Rauschunterdrückung, Schatten- und Lichterkontraste, Korneffekt) und den Dynamikbereich für jede Aufnahme im Vorfeld exakt zu bestimmen und optimal einzustellen. FINE+RAW löst dieses Problem, da Sie die genannten Einstellungen auch *im Nachhinein* jederzeit korrigieren oder ändern können – entweder mithilfe des in der Kamera eingebauten oder eines externen RAW-Konverters. Sie können sich beim Fotografieren also auf die wesentlichen Dinge konzentrieren und müssen sich weniger Gedanken um die JPEG-Einstellungen machen.

- Selbst wenn Sie die optimalen Einstellungen bereits im Vorfeld kennen, könnte es sein, dass Sie von einer Aufnahme mehr als nur eine einzige Version haben möchten – etwa eine Farb- *und* eine Schwarz-Weiß-Version oder eine weitere Version mit weniger Rauschunterdrückung oder mit einer anderen Filmsimulation. Auch hier hilft FINE+RAW, da Sie mit dem eingebauten RAW-Konverter jederzeit weitere Varianten einer Aufnahme erzeugen oder miteinander vergleichen können.

- Der Fortschritt macht keine Pause: Was heute noch unmöglich erscheint, kann in einigen Jahren Wirklichkeit sein. Es ist durchaus möglich, dass dann einfach zu bedienende RAW-Konverter zur Verfügung stehen, die aus Ihren RAW-Dateien deutlich mehr herausholen können, als es Ihre Kamera oder ein externer Konverter heute vermögen. Allein für diese Eventualität ist es sinnvoll, die digitalen Negative (RAW-Dateien) Ihrer Aufnahmen zu behalten und zu archivieren. Speicherplatz ist schließlich ausgesprochen günstig.

- Nicht nur die Technik, auch Ihre Fähigkeiten als Fotograf entwickeln sich. Selbst wenn Sie heute der Meinung sind, dass eine externe RAW-Entwicklung mit einem Programm wie Lightroom für Sie nicht infrage kommt, muss das nicht für alle Zeiten gelten. In einem Jahr sieht vielleicht schon alles anders aus. Wäre es nicht schade, wenn Sie dann keinen Zugriff mehr auf die digitalen Negative Ihrer früheren Aufnahmen hätten, sondern mit komprimierten JPEGs und deren begrenztem Bearbeitungsspielraum vorliebnehmen müssten? Bedenken Sie: Nur RAW-Dateien enthalten alle vom Sensor aufgezeichneten Bildinformationen – sie sind das digitale Negativ. JPEGs sind nur digitale Abzüge, sie bilden lediglich einen Ausschnitt der RAW-Daten ab und sind dabei nicht verlustfrei komprimiert. RAW-Dateien verfügen deshalb auch über einen deutlich größeren Dynamik- und Tonwertumfang als die JPEG-Resultate. Der eingebaute RAW-Konverter ist übrigens nicht komplizierter oder schwieriger zu bedienen als die JPEG-Einstellungen im Menü BILDQUALITÄTS-EINSTELLUNG, die Sie als eingefleischter JPEG-Shooter ohnehin beherrschen sollten, da Ihre Aufnahmen sonst nicht das Niveau der Kameragrundeinstellungen verlassen.

Sie sehen: Ganz gleich, ob Sie ein RAW-Shooter oder ein JPEG-Shooter sind – mit FINE+RAW liegen Sie bei der X-T2 immer richtig.

Natürlich hat FINE+RAW zumindest theoretisch auch einen Nachteil: Es fallen größere Datenmengen an. In der Praxis fällt dies jedoch kaum ins Gewicht, da die X-T2 über einen schnellen Prozessor verfügt, der auch große Datenmengen flink auf die Speicherkarte überträgt. Sie müssen Ihrer Kamera lediglich eine schnelle Speicherkarte gönnen. Sparen Sie hier bitte nicht am falschen Ende!

An dieser Stelle noch ein Hinweis, um ein weit verbreitetes Missverständnis auszuräumen: RAW-Dateien sind keine Bilder, die man sich direkt ansehen kann. Es handelt sich vielmehr um Daten, die von der Kamera oder einer externen Software erst in ein Bild *übersetzt* oder *entwickelt* werden müssen. Jedes digitale Bild – von der Echtzeitvorschau im Live-View über das 8-Bit-JPEG aus der Kamera bis hin zur 16-Bit-TIFF-Datei aus Adobe Lightroom – ist solch eine Übersetzung bzw. Interpretation.

Als reiner JPEG-Shooter, der die RAW-Datei *nicht* aufzeichnet, legen Sie sich bereits im Vorfeld auf eine einzige Interpretation fest, ohne dass Sie vorher wirklich wissen können, ob es sich dabei um die beste aller Möglichkeiten handelt. Ohne RAW-Datei mutiert Ihre X-T2 somit zu einer digitalen Sofortbildkamera, die von einer gemachten Aufnahme nur ein einziges fertiges Ergebnis ausspuckt, mit dem Sie fortan leben müssen.

Komprimierte oder unkomprimierte RAW-Dateien?	TIPP 30

Die X-T2 kann RAW-Dateien komprimiert oder unkomprimiert aufzeichnen (BILDQUALITÄTS-EINSTELLUNG > RAW-AUFNAHME). Die Komprimierung reduziert die Größe der RAW-Dateien um etwa die Hälfte, sodass mehr Bilder auf der Speicherkarte oder Festplatte Platz finden. Die Komprimierung beschleunigt außerdem die Kamera: Es dauert länger, bis der Pufferspeicher voll ist, und die kleineren Dateien werden schneller auf die Speicherkarte übertragen.

Bitte beachten Sie, dass Fujifilms RAW-Komprimierung verlustfrei erfolgt, sodass komprimierte und unkomprimierte RAW-Dateien dieselbe Bildqualität aufweisen. Allerdings unterstützen nicht alle RAW-Konverter Fujis proprietäres Kompressionsformat. RAW-Konverter-Hersteller haben jedoch die Möglichkeit, das Format über die Einbindung eines kostenlosen SDK zu unterstützen.

Wählen Sie das passende **Bildformat**!	TIPP 31

Die volle Sensorauflösung der X-T2 (ca. 24 Megapixel) steht ausschließlich im Bildformat 3:2 zur Verfügung. Dennoch kann es sich anbieten, in einem anderen Bildformat (16:9 oder 1:1) zu fotografieren, etwa um Ergebnisse auf einem 16:9-Fernseher darzustellen. Und auch das von Mittelformatkameras bekannte quadratische 1:1-Format hat viele Anhänger.

Ganz gleich, welches Bildformat und welche Auflösung Sie mit BILDQUALITÄTS-EINSTELLUNG > BILDGRÖSSE einstellen – die Einstellung gilt immer nur für das bei der Aufnahme erzeugte JPEG, die Kamera zeichnet die zum JPEG gehörende RAW-Datei also stets mit voller Auflösung im 3:2-Format auf. Sie verlieren folglich nichts und können jederzeit mithilfe des eingebauten (oder eines externen) RAW-Konverters weitere JPEGs Ihrer Aufnahmen in voller Auflösung und im 3:2-Format erstellen. Dies gilt freilich nur dann, wenn Sie die RAW-Aufzeichnung bei BILDQUALITÄTS-EINSTELLUNG > BILDQUALITÄT *nicht* ausgeschaltet haben.

Wenn Sie Aufnahmen im Format 16:9 oder 1:1 komponieren möchten, sollten Sie das entsprechende Bildformat im Kameramenü einstellen. Dies bringt Ihnen die folgenden Vorteile:

- Der Bildausschnitt im Sucher wird an das gewählte Format angepasst und erleichtert Ihnen die Bildkomposition.

- Die Autofokusfelder passen sich an das gewählte Bildformat an.

- Die Belichtungsmessung der Kamera basiert auf dem angezeigten Live-View-Bild. Eine auf 16:9 oder 1:1 beschnittene Live-View-Anzeige liefert somit eine genauere Belichtungsmessung, da außerhalb des angezeigten Formats liegende Motivteile *nicht* in die Belichtungsmessung (und das Live-Histogramm) einfließen.

TIPP 32	Machen Sie ruhig halbe Sachen!

Eine Grundregel, um erfolgreich mit digitalen Kameras wie der X-T2 zu arbeiten, besteht darin, die Zeitverzögerung zwischen dem Drücken des Auslösers und dem Moment, in dem das Bild tatsächlich aufgenommen wird, so gering wie möglich zu halten. Es gilt, den entscheidenden Augenblick nicht zu verpassen.

Sie können der Kamera hier helfen, indem Sie diesen Moment antizipieren und den Auslöser bereits kurz vor dem entscheidenden Augenblick halb drücken und angedrückt halten – und ihn erst dann ganz durchdrücken, wenn der entscheidende Moment eintritt.

Indem Sie den Auslöser halb durchdrücken, bringen Sie die Kamera quasi »in Position«: Belichtung und Autofokus werden ermittelt und gespeichert und die Blende fährt im Objektiv auf ihre eingestellte Arbeitsposition (Arbeitsblende). Nun ist die Kamera für die Aufnahme bereit, es fehlt nur noch das Auslösen des Verschlusses im richtigen Moment. Und genau das macht Ihre X-T2, wenn Sie den bereits angedrückten Auslöser ganz durchdrücken, und zwar mit minimaler Zeitverzögerung – der Augenblick ist festgehalten.

Bitte vergessen Sie nicht, dass das halbe Durchdrücken des Auslösers nur dann die gewünschte Wirkung zeigen kann, wenn BLENDE AE und BLENDE AF im Menü EINRICHTUNG > TASTEN/RAD-EINSTELLUNG eingeschaltet sind.

2.2 BILDSCHIRM UND SUCHER

Die X-T2 besitzt einen hochauflösenden elektronischen Sucher (EVF = Electronic View-Finder) und einen LCD-Bildschirm, die beide sowohl zur Bildgestaltung im Aufnahmemodus als auch zum Betrachten von Bildern im Wiedergabemodus verwendet werden können.

Verwenden Sie den **Augensensor!**	TIPP 33

Aktivieren Sie den Augensensor mit der VIEW MODE-Taste, und zwar jeweils getrennt im Aufnahme- und Wiedergabemodus. Die Kamera wechselt nun sowohl bei der Bildaufnahme als auch bei der Wiedergabe automatisch zwischen dem Sucher und dem Bildschirm.

Wenn Sie mit einem Stativ arbeiten oder die Kamera in Körpernähe halten, kann dies den Augensensor verwirren. In solchen Fällen drücken Sie die VIEW MODE-Taste so oft, bis die Kamera sich im Modus NUR LCD befindet.

Die schnelle **Bildvorschau**	TIPP 34

Um eine Aufnahme unmittelbar nach dem Drücken des Auslösers zu kontrollieren, können Sie die Bildvorschau aktivieren. Wählen Sie hierzu EINRICHTUNG > DISPLAY-EINSTELLUNG > BILDVORSCHAU und dann die gewünschte Anzeigedauer (0,5 SEK, 1,5 SEK oder DAUERND). Die Bildvorschau findet stets in der ausgewählten Anzeige (LCD oder Sucher) statt, wechselt bei aktivem Augensensor aber automatisch mit, wenn Sie die Kamera vom oder ans Auge nehmen.

Sie können die Bildvorschau jederzeit abbrechen und weiterfotografieren, indem Sie den Auslöser halb durchdrücken. In der Einstellung DAUERND stehen Ihnen außerdem die Zoomfunktionen zur Verfügung, um mithilfe des hinteren Einstellrades den Bildausschnitt zu vergrößern und ihn mit den Richtungstasten oder dem Fokus-Stick zu verschieben. Durch Drücken des hinteren Einstellrads können Sie die maximale Vergrößerung direkt aufrufen.

In Situationen, in denen Sie schnell hintereinander mehrere Aufnahmen machen möchten, können Sie auf die schnelle Bildvorschau verzichten, um Ihren Arbeitsfluss nicht zu unterbrechen. Wählen Sie hierzu EINRICHTUNG > DISPLAY-EINSTELLUNG > BILDVORSCHAU > AUS.

Sie können eine gerade gemachte Aufnahme auch bei ausgeschalteter Bildvorschau jederzeit durch Drücken der Wiedergabetaste kontrollieren.

Denken Sie wie immer daran, dass eine maximale Vergrößerungsansicht (und somit eine optimale Schärfekontrolle) nur dann möglich ist, wenn die Kamera neben der RAW-Datei auch JPEGs in der Größe L aufzeichnet.

TIPP 35	Die Tücken der **DISP/BACK-Taste**

Die DISP/BACK-Taste erfüllt eine doppelte Funktion:

- Als BACK-Taste ermöglicht sie bei Kamera- und Menüeinstellungen die Rückkehr von einer tieferen auf die nächsthöhere Auswahlebene, ohne evtl. geänderte Einstellungen zu übernehmen. Sie ist quasi das Gegenstück zur OK-Taste, die vorgenommene Einstellungen bestätigt und übernimmt (und als MENU-Taste ebenfalls eine doppelte Funktion erfüllt).

- Als DISPLAY-Taste ändert die Taste den Ansichtsmodus der gerade aktiven Anzeige (Bildschirm oder Sucher).

Wir interessieren uns hier für die Funktion als DISPLAY-Taste. Man kann gar nicht oft genug darauf hinweisen, dass sich der Wechsel des Ansichtsmodus immer nur auf die gerade aktive Anzeige bezieht.

Wenn Sie also den Ansichtsmodus des elektronischen Suchers ändern möchten, muss der elektronische Sucher aktiv sein, während Sie die DISP/BACK-Taste drücken – am besten, indem Sie bei aktiviertem Augensensor durch den EVF schauen, während Sie die Taste betätigen, um zwischen den verschiedenen Ansichten zu wechseln.

Bitte beachten Sie, dass EVF und LCD im Aufnahmemodus unterschiedliche Ansichtsmodi besitzen können. Im Wiedergabemodus haben EVF und LCD hingegen immer synchron den gleichen Ansichtsmodus.

Welche Elemente konkret in der Anzeige erscheinen, können Sie selbst festlegen. Wählen Sie hierzu EINRICHTUNG > DISPLAY-EINSTELLUNGEN > DISPLAY EINSTELL. und kreuzen dann die Elemente an bzw. wählen jene ab, die Sie gerne sehen bzw. nicht sehen möchten. Wie bereits erwähnt, empfehle ich Ihnen hier, erst einmal alle Elemente anzukreuzen.

WYSIWYG – What You See Is What You Get!	TIPP 36

EVF und LCD-Bildschirm der X-T2 operieren normalerweise im WYSIWYG-Modus [18]. Die Abkürzung steht für »What You See Is What You Get« und bedeutet, dass Bildschirm und Sucher stets versuchen, ein möglichst genaues Abbild des endgültigen JPEG-Bildergebnisses darzustellen. EVF und LCD-Display simulieren im Live-View [7] die Belichtung, die Farben, den Kontrast und den Weißabgleich. Bei halb durchgedrücktem Auslöser stellt die Kamera zudem die gewählte Arbeitsblende ein und zeigt in der Anzeige somit auch eine Vorschau der zu erwartenden Schärfentiefe.

Die Belichtungssimulation der Anzeige ist sehr hilfreich, da Belichtungsprobleme hiermit früh erkannt und korrigiert werden können. Das Live-Histogramm basiert dabei stets auf dem im Live-View angezeigten Vorschaubild.

Die Belichtungssimulation steht in allen vier Belichtungsmodi – Programmautomatik P, Zeitautomatik A, Blendenautomatik S und manueller Modus M – zur Verfügung.

Im manuellen Modus M können Sie die Simulation der Bildhelligkeit ausschalten, indem Sie EINRICHTUNG > DISPLAY-EINSTELLUNG> BEL.-VORSCHAU/WEISSABGLEICH MAN. > AUS einstellen. Die X-T2 zeigt dann im manuellen Modus unabhängig von den eingestellten Belichtungsparametern (Belichtungszeit, Blende, ISO) stets ein helles Sucherbild an. Diese Einstellung ist vor allem im Studio im Rahmen der Blitzfotografie hilfreich, wenn das Umgebungslicht minimiert und faktisch ausgeblendet wird. Belichtungsvorschau und Live-Histogramm sind dann freilich nicht mehr aussagekräftig.

Vergessen Sie nicht, die Belichtungsvorschau mit EINRICHTUNG > DISPLAY-EINSTELLUNG> BEL.-VORSCHAU/WEISSABGLEICH MAN. > VORSCHAU BEL./WA wieder einzuschalten, wenn Sie auch im manuellen Modus M mit dem Live-Histogramm arbeiten und in den Genuss einer aussagekräftigen Belichtungssimulation kommen möchten.

Die Belichtungssimulation im Live-View kann bei sehr schwachem Licht und langen Belichtungszeiten an ihre technischen Grenzen stoßen – Sucherbild und Live-Histogramm erscheinen dann dunkler, als die Aufnahme tatsächlich ausfällt. In solchen Fällen bietet es sich an, eine Testaufnahme zu machen und das Ergebnis im Wiedergabemodus zu betrachten. In der Bildinformationsansicht, die Sie mit der DISP/BACK-Taste auswählen können, steht Ihnen dabei auch ein Wiedergabehistogramm zur Verfügung. Überbelichtete (ausgefressene) Bildpartien werden in dieser Ansicht zudem blinkend dargestellt.

TIPP 37	Der **Natural Live View**

Der sogenannte Natural Live View deaktiviert die WYSIWYG-Darstellung von JPEG-Einstellungen wie Filmsimulationen, Kontrasteinstellungen (SCHATTIER. TON, TON LICHTER) oder Farbe. Stattdessen zeigt der Live-View ein »natürlicheres« Sucherbild mit erweitertem Dynamikumfang in den Lichtern und Schattenbereichen, das eher dem entsprechen soll, was unser menschliches Auge beim Blick durch einen optischen Sucher sehen würde. Der Natural Live View setzt das elektronische Sucherbild zudem auf automatischen Weißabgleich, simuliert also keinen benutzerspezifischen Weißabgleich und keine ausgewählten Weißabgleich-Voreinstellungen. Selbstverständlich betrifft dies alles nur die Darstellung im Live-View – die gemachten Aufnahmen spiegeln die tatsächlichen Einstellungen vollständig wider.

Um den Natural Live View einzuschalten, wählen Sie EINRICHTUNG > DISPLAY-EINSTELLUNG > VORSCHAU BILDEFFEKT > AUS. Dies führt zu generischen Vorschaubildern für Farb-, Schwarz-Weiß- und Sepia-Aufnahmen, die **nicht** mehr den tatsächlichen JPEG-Ergebnissen entsprechen. Natural Live View eignet sich deshalb besonders gut dafür, mithilfe der im Sucherbild aufgehellten Schatten besser erkennen können, was in den dunklen Partien einer Szene vor sich geht. Beim Natural Live View handelt es sich also in erster Linie um ein Hilfsmittel für die Bildgestaltung in Aufnahmesituationen mit sehr hohem Kontrast.

***Wichtig:** Der Natural Live View der X-T2 erweitert die Lichterdynamik um zwei Blendenstufen, sodass das Live-Histogramm für die Dynamikeinstellungen DR-Auto, DR100% und DR200% bei aktivem Natural Live View nicht mehr aussagekräftig ist.*

2.3 RICHTIG BELICHTEN

Die richtige Belichtung ist nicht Sache der Kamera. Sie ist Sache des Fotografen.

Selbstverständlich besitzt auch die X-T2 eine Belichtungsautomatik. Sie arbeitet mit den üblichen drei Modi: Zeitautomatik **A**, Blendenautomatik **S** und Programmautomatik **P**.

- Die **Zeitautomatik** **A** ermittelt zu einer vorgewählten Blende automatisch die passende Belichtungszeit.

- Die **Blendenautomatik** **S** ermittelt zu einer vorgewählten Belichtungszeit automatisch den passenden Blendenwert.

- Die **Programmautomatik** **P** ermittelt eine passende Kombination aus Belichtungszeit und Blendenwert.

- Darüber hinaus stellt die **Auto-ISO-Funktion** einen (im Rahmen der Vorgaben liegenden) ISO-Wert bereit. Der ISO-Wert ist bei digitalen Kameras der Grad der Bildsignalverstärkung und beeinflusst somit ebenfalls die Helligkeit der Bildergebnisse.

Es ist wichtig zu verstehen, dass die soeben genannten Belichtungsautomatiken (inkl. Auto-ISO) *nicht* für die korrekte Belichtung einer Aufnahme verantwortlich sind. Die korrekte Belichtung liegt ausschließlich im Verantwortungsbereich des Fotografen.

Die Belichtungsautomatiken ermitteln für die jeweiligen Variablen (etwa für die Belichtungszeit in der Zeitautomatik **A**) lediglich *automatisch* einen passenden Wert – und zwar stets auf Basis der vom Benutzer eingestellten und verantworteten Belichtung. Die Automatiken liefern folglich nur dann gute Ergebnisse, wenn Sie als Fotograf richtig belichten.

Richtig belichten – wie geht das?

Keine Panik: Die spiegellose X-T2 macht es Ihnen leichter als konventionelle Spiegelreflexkameras. Mit vier verschiedenen Belichtungsmessmethoden (Integralmessung, mittenbetonte Messung, Spotmessung, Mehrfeldmessung), dem WYSIWYG-Live-View (im EVF sowie auf dem LCD-Bildschirm) und dem Live-Histogramm ermitteln Sie auch in schwierigen Situationen die richtige Belichtung.

Wichtigstes Werkzeug ist dabei das Belichtungskorrekturrad, mit dem Sie die von der Kamera gemessene Belichtung in 1/3 EV-Schritten um bis zu ±3 EV (Exposure Values oder Blendenstufen) anpassen können. Unter Belichtung verstehen wir also nicht, was die Kamera misst, sondern das, was der Fotograf mit diesem Messergebnis macht.

TIPP 38	**Belichtung messen** mit Methode

Die X-T2 bietet vier verschiedene Varianten für die Messung der über das Objektiv auf den Sensor einfallenden Lichtmenge an:

- Die **Integralmessung** bildet einen nicht gewichteten Durchschnitt aus dem auf die gesamte Sensorfläche einfallenden Licht.

- Die **Spotmessung** misst hingegen nur zwei Prozent der Sensorfläche. Der Messbereich liegt in der Mitte des Bildfelds und entspricht etwa der Größe des mittelgroßen AF-Felds. Alternativ können Sie die Spotmessung auch an die Größe und Position des gerade aktiven Autofokusfelds koppeln (im AF-Modus EINZELPUNKT und im MF-Modus).

- Die **mittenbetonte Integralmessung** ist eine Art Mischung aus Integralmessung und Spotmessung. Sie bezieht sich auf die volle Sensorfläche, gewichtet die Bildmitte dabei aber stärker.

- Die **Mehrfeldmessung** bildet einen gewichteten Durchschnitt aus dem auf die gesamte Sensorfläche einfallenden Licht. Die Gewichtung erfolgt mithilfe von 256 Messbereichen (Matrix), die ausgewertet und mit typischen Belichtungssituationen verglichen werden. Die Mehrfeldmessung gilt deshalb auch als »intelligenter« als die anderen Messverfahren. Sie ist beispielsweise (zumindest in der Theorie) in der Lage, bestimmte Gegenlichtsituationen zu erkennen.

Integralmessung, Spotmessung und mittenbetonte Messung haben gemeinsam, dass sie (nach der jeweiligen Messung und Gewichtung bzw. Durchschnittsbildung) eine Belichtung empfehlen, die dieses Messergebnis *mittelgrau* erscheinen lässt.

Mit anderen Worten: Wenn Sie (ganz gleich mit welchem der drei genannten Messverfahren) zuerst ein schwarzes und dann ein weißes Blatt Papier jeweils flächendeckend fotografieren und dabei der automatischen Belichtungsmessung folgen, kommt in beiden Fällen ein mittelgraues Bild heraus. Daraus folgt:

- Wenn das schwarze Blatt im Ergebnis schwarz und nicht mittelgrau erscheinen soll, müssen Sie die vorgeschlagene Belichtung manuell nach unten korrigieren.

- Soll das weiße Blatt im Ergebnis weiß statt mittelgrau erscheinen, müssen Sie die vorgeschlagene Belichtung manuell nach oben korrigieren.

Abbildung 21: Hier wurden einmal ein weißer und einmal ein schwarzer Karton mit der Spotmessung ohne weitere Korrektur fotografiert. Wie Sie sehen, wählte die Belichtungsautomatik für das Motiv in beiden Fällen eine **mittelgraue Belichtung** aus. Um die unterschiedlichen Kartons mit ihrer tatsächlichen Helligkeit zu zeigen, bedarf es also in beiden Fällen einer Belichtungskorrektur.

Fujifilm gibt einige grobe Empfehlungen, wie Sie die Belichtung in bestimmten Aufnahmesituationen korrigieren sollten. So empfiehlt das Handbuch bei Motiven in hellen Schneefeldern eine Korrektur von +1 EV oder bei Aufnahmen von Motiven im Scheinwerferlicht eine Korrektur von −2/3 EV.

Das ist gut und schön, für unsere Zwecke jedoch nicht genau und umfassend genug. Anstatt zu raten oder Faustregeln zu folgen, ist es sinnvoller, methodisch vorzugehen und eine evtl. notwendige Belichtungskorrektur mithilfe der Live-View-Anzeige und des Live-Histogramms präziser zu ermitteln.

Damit die erforderlichen Korrekturen möglichst gering ausfallen, empfiehlt es sich, die Belichtungsmessung mit einem zum Motiv und zu der Aufgabe passenden Messmodus vorzunehmen:

- Die **Mehrfeldmessung** eignet sich für die meisten Aufnahmesituationen. Sie werden feststellen, dass Sie mit dieser Messmethode häufig keine Korrekturen vornehmen müssen, sondern den Belichtungsvorschlag der Kamera ohne Weiteres akzeptieren können.

- **Integralmessung** (und bis zu einem gewissen Maße auch die **mittenbetonte Integralmessung**) sind recht neutrale und gutmütige Messmethoden, die auf kleine Änderungen im Motiv oder Bildausschnitt nicht so sensibel reagieren wie die Mehrfeld- oder insbesondere die Spotmessung. Die Integralmessung bietet sich deshalb auch an, wenn Sie von einem Motiv mehrere Aufnahmen hintereinander mit einer eher einheitlichen Belichtung machen möchten.

- Die **Spotmessung** bringt die Belichtung buchstäblich auf den Punkt. Hier müssen Sie präzise arbeiten und genau den Motivbereich anmessen, dessen Belichtung Ihnen wichtig ist. Die Kamera belichtet dann so, dass genau dieser Motivbereich mit mittelgrauer Helligkeit dargestellt wird. Beispiel: Wenn Sie mit der Spotmessung das Gesicht eines Kindes im direkten Gegenlicht anmessen, führt die von der Kamera ermittelte Belichtung zu einem Bild, bei dem das Gesicht mit mittelgrauer Helligkeit (oder Zone 5 im Zonensystem [19] von Ansel Adams) dargestellt wird. Wenn Ihnen das zu dunkel ist (etwa weil es sich um ein Kind mit sehr heller Haut handelt), können Sie diese gemessene Belichtung mit dem Belichtungskorrekturrad verändern, in diesem Beispiel etwa um +1/3 EV oder +2/3 EV nach oben. Hat die Person hingegen dunkle Haut, kann es sinnvoll sein, die Belichtung etwas nach unten zu korrigieren.

Die Spotmessung ist die anspruchsvollste und zugleich leistungsstärkste Messmethode. Sie eignet sich für »schwierige Fälle«, in denen die anderen Messmethoden keine befriedigenden Ergebnisse liefern. Ein typisches Beispiel sind isolierte helle Motive vor einem dunklen Hintergrund – und umgekehrt. Denken Sie etwa an eine Theateraufführung mit einzelnen Schauspielern in Scheinwerferkegeln vor einem schwarzen Off oder an Motive im direkten Gegenlicht. Wann immer Sie »auf den Punkt genau« belichten müssen, ist die Spotmessung eine praktische Alternative.

Allerdings erfordert die Spotmessung genaues Arbeiten, da bereits kleinste Änderungen unter dem von ihr gemessenen Bildausschnitt zu dramatischen Veränderungen der Messergebnisse führen können. Deshalb ist es oft sinnvoll, die Spotmessung zusammen mit der AE-L-Taste zu verwenden, die gemessene Belichtung also zu speichern, bevor Sie den Bildausschnitt verändern (oder sich Ihr Motiv bewegt) und Sie das Foto machen.

Alternativ können Sie die Spotmessung auch im manuellen Belichtungsmodus **M** verwenden. In diesem Modus hat die Belichtungsmessung keinen Einfluss auf die Belichtungsautomatik (es gibt hier tatsächlich keine

Automatik, Sie stellen Belichtungszeit, Blende und ISO schließlich selbst ein und überlassen nichts der Kamera), sodass Sie mit der Spotmessung die wichtigen Motivteile anmessen und die passende Belichtung dann selbst einstellen können. Wie weit sich der gemessene Motivteil (bezogen auf die gerade von Ihnen eingestellte Blende und Belichtungszeit) ober- oder unterhalb der mittelgrauen Zone 5 befindet, können Sie im manuellen Belichtungsmodus bequem in der am Bildrand eingeblendeten Belichtungsskala (±3 EV) ablesen.

Bitte denken Sie daran, Auto-ISO im manuellen Belichtungsmodus M auszuschalten, da die Kamera die ISO-Werte sonst stets automatisch so anpasst, dass der gemessene Motivbereich mit mittelgrauer Helligkeit (Zone 5) belichtet wird. Im manuellen Modus möchten Sie die Helligkeit eines Motivbereichs jedoch selbst bestimmen und nicht der Kamera überlassen.

TIPP 39 — Verknüpfen von **Spotmessung und Autofokusfeldern**

Normalerweise misst die Spotmessung einen kleinen Ausschnitt in der Bildmitte, der etwa die Größe eines mittelgroßen AF-Felds hat. Mit AF/MF-EINSTELLUNG > SPERRE SPOT-AE & FOKUSS. > AN können Sie dies ändern und die Spotmessung im Modus Einzelpunkt-AF (sowie im MF-Modus) auf die Position und Größe(!) des gerade ausgewählten Fokusfelds beschränken.

Hierbei handelt es sich um eine sehr sinnvolle Funktion für solche Fälle, in denen Sie mit einem der Fokusfelder der X-T2 fotografieren, das sich nicht genau in der Bildmitte befindet. Schließlich ist es in der Regel so, dass das ausgewählte Fokusfeld genau den Bereich Ihres Motivs anmisst, der auch für die Spotbelichtungsmessung von Interesse ist – etwa das hell beleuchtete Gesicht eines Bühnenschauspielers vor einem schwarzen Hintergrund.

Um die Spotmessung vom ausgewählten Fokusfeld abzukoppeln und stets die Bildmitte anzumessen, wählen Sie bitte AF/MF-EINSTELLUNG > SPERRE SPOT-AE & FOKUSS. > AUS.

Bitte beachten Sie, dass die Koppelung von Spotmessung sowie Fokusfeldposition und -größe nur im AF-Modus EINZELPUNKT und im MF-Modus zur Verfügung steht. In den AF-Modi ZONE und WEIT/VERFOLGUNG arbeitet die Spotbelichtungsmessung hingegen stets mit einem Ausschnitt in der Bildmitte von der Größe eines mittelgroßen Fokusfelds.

| Belichten mit **Live-View und Live-Histogramm** | TIPP 40 |

Im Gegensatz zum optischen Sucher einer Spiegelreflexkamera bietet Ihnen der Live-View der X-T2 die Möglichkeit, schon vor der Aufnahme eines Bildes zu sehen, wie es am Ende herauskommen wird. Diese Vorschau umfasst neben Farben und Kontrasten auch die Belichtung (Helligkeit) der Aufnahme.

Ergänzt wird die WYSIWYG-Bildvorschau durch ein auf ihr basierendes Live-Histogramm. Ich empfehle Ihnen dringend, das Live-Histogramm zu verwenden, da es Ihnen einen guten Überblick über die Helligkeitsverteilung einer Szene gibt. Darüber hinaus hilft Ihnen das Live-Histogramm dabei, Über- oder Unterbelichtungen im Vorfeld zu erkennen und die Belichtung dementsprechend zu korrigieren:

- Türmt sich am rechten Rand des Live-Histogramms ein angeschnittenes Gebirge auf, ist dies ein Zeichen dafür, dass Teile der Aufnahme überbelichtet sind. Betrifft dies bildwichtige Teile des Motivs, sollten Sie die Belichtung nach unten korrigieren oder den Dynamikumfang der Aufnahme mithilfe der DR-Funktion erweitern (DR200% oder DR400%).

- Ist das Histogramm linkslastig mit viel »Luft« am rechten Rand, dann ist die Aufnahme wahrscheinlich zu knapp belichtet. In diesem Fall bietet es sich an, reichlicher zu belichten und die Belichtung nach oben zu korrigieren.

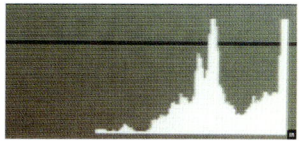 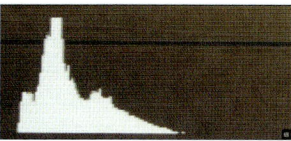 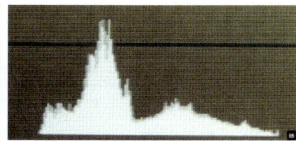

Abbildung 22: Verschiedene **Live-Histogramme** desselben Motivs mit Tendenz zu Überbelichtung und Unterbelichtung. Rechts zum Vergleich ein ausgewogenes Histogramm.

Bitte denken Sie daran, dass Live-View und Live-Histogramm eine Einheit bilden: Das Histogramm gibt Ihnen eine technische Darstellung des zu erwartenden Bildergebnisses, der Live-View zeigt Ihnen eine möglichst »ergebnistreue« Bildvorschau.

Live-View und Live-Histogramm spiegeln (sofern der Natural Live View ausgeschaltet ist) stets die eingestellten JPEG-Parameter wider (Weißabgleich, Filmsimulation, Licht- und Schattenkontrast). Die Filmsimulation VELVIA etwa ist kontrastreicher als PROVIA, was sich auch im Live-View und Live-Histogramm niederschlägt.

Zu beachten ist außerdem, dass Live-View und Live-Histogramm bei der X-T2 erstmals auch manuelle DR-Einstellungen berücksichtigen. Wenn Sie also manuell DR200% oder DR400% auswählen, um die Lichterdynamik um eine oder zwei Blendenstufen zu erweitern, dann ist diese Erweiterung nun auch schon im Live-View und Live-Histogramm sichtbar. Wählen Sie hingegen DR-Auto aus, zeigen Live-View und Live-Histogramm nur eine DR100%-Vorschau an, auch wenn sich die Kamera beim Auslösen für DR200% entscheiden sollte.

Wenn Sie den Auslöser halb durchdrücken, zeigt Ihnen der Live-View der Kamera jedoch stets eine möglichst genaue Vorschau des Dynamikumfangs der aktuellen Aufnahme an. Allerdings steht Ihnen bei halb gedrücktem Auslöser kein Live-Histogramm mehr zur Verfügung, Sie müssen sich also ausschließlich auf den visuellen Bildeindruck verlassen.

TIPP 41 | **Automatisch belichten** in den Modi **P**, **A** und **S**

Die Belichtungsmodi **P** (Programmautomatik), **A** (Zeitautomatik) und **S** (Blendenautomatik) sind die drei automatischen Belichtungsmodi Ihrer X-T2.

Kurz zur Erinnerung:

- Die **Programmautomatik** **P** ermittelt eine passende Kombination aus Belichtungszeit und Blendenwert.

- Die **Zeitautomatik** **A** ermittelt zu einer vorgewählten Blende automatisch die passende Belichtungszeit.

- Die **Blendenautomatik** **S** ermittelt zu einer vorgewählten Belichtungszeit automatisch den passenden Blendenwert.

Um eine Aufnahme in einem dieser Modi zu machen, können Sie wie folgt vorgehen:

- Um die Belichtung zu messen, bedienen Sie sich zunächst einer Messmethode Ihrer Wahl: Mehrfeldmessung, mittenbetonte Messung, Integralmessung oder Spotmessung.

- Nachdem Sie die Belichtung gemessen haben, nehmen Sie mit dem Belichtungskorrekturrad die gewünschten Korrekturen vor. Dabei helfen Ihnen der Live-View und das Live-Histogramm. Wir erinnern uns: Nicht die Kamera belichtet, sondern Sie. Folgen Sie dem Vorschlag der Belichtungsmessung niemals blind, sondern behalten Sie das Live-View-Bild und das Live-Histogramm immer im Auge.

- Sobald Sie den Auslöser halb durchdrücken, wird die von Ihnen gemessene und ggf. korrigierte Belichtung so lange gespeichert, wie sie ihn halb durchgedrückt halten. Sie können den Bildausschnitt mit halb durchgedrücktem Auslöser also anpassen, ohne dass sich die Belichtung Ihrer Aufnahme dadurch ändert.

- Alternativ zum halb durchgedrückten Auslöseknopf können Sie die Belichtung auch mit der AE-L-Taste messen und speichern. Sie können diese Taste so konfigurieren, dass die Belichtung nur so lange gespeichert wird, wie Sie die AE-L-Taste gedrückt halten (EINRICHTUNG > TASTEN/RAD-EINSTELLUNG > AE/AF LOCK MODUS > AE/AF-L WENN GEDR), oder die AE-L-Taste als Ein-/Ausschalter für den Belichtungsspeicher konfigurieren (EINRICHTUNG > TASTEN/RAD-EINSTELLUNG > AE/AF LOCK MODUS > AE/AF-L EIN/AUS). Eine mit AE-L gespeicherte Belichtung kann weiterhin mit dem Belichtungskorrekturrad angepasst werden.

- Um die Aufnahme zu machen, drücken Sie den Auslöser ganz durch.

Belichtungsmessung und Belichtung sind zwei verschiedene Dinge: Zwischen der Belichtungsmessung und der Belichtung liegt die Belichtungskorrektur durch den Fotografen. Nicht die Kamera, sondern der Fotograf belichtet eine Aufnahme:

- Die **Belichtungsmessung** erfolgt mithilfe der Mehrfeldmessung, mittenbetonten Messung, Integralmessung oder Spotmessung.

- Zur **Belichtungskorrektur** drehen Sie am Belichtungskorrekturrad. Dabei helfen Ihnen der Live-View und das Live-Histogramm. Selbstverständlich gibt es häufig Situationen, in denen eine Korrektur gar nicht notwendig ist, weil die Belichtungsmessung gute Arbeit leistet.

- Die **Belichtung** erfolgt mit einem der drei automatischen Belichtungsprogramme: Zeitautomatik, Blendenautomatik oder Programmautomatik.

TIPP 42 — Manuell belichten im Modus M

Im manuellen Modus geben Sie die drei Aufnahmeparameter Blende, Belichtungszeit und ISO-Einstellung selbst vor. Dementsprechend muss Auto-ISO im manuellen Modus *ausgeschaltet* werden, weil sonst weiterhin eine automatische Belichtungssteuerung (mit dem ISO-Wert als der von der Kamera gesteuerten Variablen) erfolgt.

Damit Live-View und Live-Histogramm im manuellen Modus aussagekräftige Anzeigen liefern, muss EINRICHTUNG > DISPLAY-EINSTELLUNG > BEL.-VORSCHAU/WEISSABGLEICH MAN. > VORSCHAU BEL./WA ausgewählt sein. Stellen Sie die Kamera außerdem auf Spotmessung ein.

Gehen Sie nun folgendermaßen vor:

- Wählen Sie eine zu Ihrem Motiv passende Blende und Belichtungszeit aus. Mit der Blende steuern Sie die Schärfentiefe [20], mit der Belichtungszeit die Bewegungsunschärfe [21]. In der Regel sollten Sie eine Vorstellung davon haben, welche Blende und welche Belichtungszeit Sie für ein Motiv oder Vorhaben benötigen.

- Passen Sie anschließend die ISO-Einstellung so an, dass Live-View und Live-Histogramm eine ausgewogene Belichtung mit der von Ihnen gewünschten Helligkeit anzeigen.

- Messen Sie zur Kontrolle die besonders bildwichtigen Motivteile mit der Spotmessung an. Der Pfeil in der Anzeige (»Lichtwaage«) am Bildschirmrand zeigt Ihnen in ±3 Belichtungsstufen, wie hell oder dunkel der jeweils gemessene Motivteil mit den aktuellen Einstellungen für Blende, Belichtungszeit und ISO in Bezug auf »Mittelgrau« (= Zone 5) belichtet wird.

- Justieren Sie ISO, Blende und/oder Belichtungszeit entsprechend diesen Messergebnissen ggf. nach und machen Sie die Aufnahme(n).

Fotografieren mit der **Zeitautomatik** A	TIPP 43

Bei der Zeitautomatik [22] geben Sie die Blende vor, während die Kamera die dazu passende Belichtungszeit auswählt. Die automatische Auswahl der Belichtungszeit erfolgt auf Basis der von Ihnen gemessenen und mit dem Belichtungskorrekturrad angepassten Belichtung.

Welche Blende ist die richtige? Hier gilt es, einige grundsätzliche Zusammenhänge zu beachten:

- Je kleiner die eingestellte Blende (= je größer die ausgewählte Blendenzahl), desto größer ist die Schärfentiefe [20], also der Bereich vor und hinter dem eigentlichen Fokuspunkt, der in der fertigen Aufnahme scharf erscheint. In der benutzerdefinierten Ansicht können Sie diesen Schärfentiefe-Bereich in der eingeblendeten Fokusleiste nach dem Scharfstellen (etwa bei halb durchgedrücktem Auslöser) selbst ablesen. Darüber hinaus können Sie eine der Funktionstasten der Kamera mit einer Schärfentiefe-Vorschau belegen.

- Bei lichtstarken Objektiven wie dem XF56mmF1.2 oder dem XF35mmF1.4 ist der Schärfentiefe-Bereich bei Offenblende [23] oft nur wenige Zentimeter groß. So ist es möglich, dass bei Porträts nur eins der beiden Augen einer Person scharf abgebildet wird. In solchen Fällen gilt es entweder weiter abzublenden oder die Position so zu wechseln, dass beide Augen den gleichen Abstand zur Kamera haben.

- Umgekehrt tritt bei starkem Abblenden (etwa ab Blende 10) über das gesamte Bildfeld eine zunehmend sichtbare Beugungsunschärfe [21] auf. Zwar nimmt mit zunehmender Blendenzahl die Schärfentiefe zu, die maximal mögliche Schärfe nimmt dabei jedoch ab. Anders gesagt: Wenn Sie mit einem Weitwinkelobjektiv bei Blende 22 fotografieren, haben Sie zwar gute Chancen, dass Ihr Motiv von vorne bis hinten scharf abgebildet wird, die Schärfe der Aufnahme ist durch die Beugung jedoch insgesamt geringer als etwa bei Blende 8. Der Lens Modulation Optimizer (LMO) in der X-T2 kann den Beugungseffekt bis zu einem gewissen Grad ausgleichen. Dies gilt jedoch nur für JPEGs aus der Kamera (bzw. dem eingebauten RAW-Konverter), da externe RAW-Konverter den LMO bisher nicht unterstützen.

- Ist die Blendenöffnung sehr groß (also der Blendenwert sehr klein) gewählt oder der ISO-Wert zu hoch eingestellt, kann es passieren, dass die kürzestmögliche Verschlusszeit von 1/8000 s nicht mehr ausreicht, um die gewählte Belichtung zu realisieren. In diesem Fall wird die Belichtungszeit in der Kamera rot dargestellt (Überbelichtungswarnung). Sie können kürzere Belichtungszeiten als 1/8000 s realisieren, indem Sie den elektronischen Verschluss der Kamera aktivieren.

TIPP 44 — Fotografieren mit der **Blendenautomatik** S

Die Blendenautomatik [24] ist das Gegenstück zur Zeitautomatik: Sie geben eine Belichtungszeit vor und die Kamera wählt die dazu passende Blende aus. Die Blendenautomatik steht nur für native X-Mount-Objektive zur Verfügung, adaptierte Objektive (inkl. Samyang-Objektiven mit X-Mount-Anschluss) können nur im manuellen Modus oder mit der Zeitautomatik betrieben werden.

Die Wahl der passenden Belichtungszeit hängt grundsätzlich von zwei Faktoren ab:

- Bewegungsunschärfe [9]: Je schneller sich das Motiv bewegt, umso kürzer müssen Sie die Belichtungszeit einstellen, wenn die Aufnahme keine Bewegungsunschärfe aufweisen soll. Das bedeutet nicht, dass man Bewegungsunschärfe grundsätzlich vermeiden sollte, man kann sie auch gezielt als Stilmittel einsetzen, um der Aufnahme Dynamik zu verleihen. Sogenannte »Mitzieher« sind eine Mischform: Die längere Belichtungszeit sorgt hier für einen verwischten Hintergrund, während das Hauptobjekt scharf abgebildet wird, indem man die Kamera synchron mit dem sich bewegenden Objekt bewegt bzw. schwenkt. Auch Langzeitbelichtungen profitieren häufig von Bewegungsunschärfe, etwa indem Wasserflächen glatt erscheinen, Wolken verwischen oder Sterne Bahnen ziehen.

- Unschärfe durch Verwackeln [25]: Hier kommen Sie als Fotograf ins Spiel, denn wenn Sie die Kamera nicht ruhig genug halten, verwackeln Sie das Bild. Dem kann der optische Bildstabilisator [8] (OIS) in den XF- und XC-Zooms entgegenwirken. Oder Sie stellen die Kamera auf ein Stativ bzw. einen festen Untergrund und lösen mit einem Fernauslöser oder Selbstauslöser aus. Bei normalen Aufnahmen gilt als Faustregel, mindestens mit dem Kehrwert der Kleinbildbrennweite zu fotografieren. Bei einem 200-mm-Objektiv entspräche dies einem Kleinbildäquivalent von 300 mm (APS-C-Brennweite × Formatfaktor [26] 1,5 = Kleinbildäquivalent), also einer Verschlusszeit [27] von 1/300 s oder kürzer. Solche Faustregeln gelten natürlich nicht pauschal für alle; jeder Fotograf hat seine eigenen Erfahrungswerte und nicht jede Hand ist gleich ruhig.

Ist die Belichtungszeit zu lang gewählt oder ein zu hoher ISO-Wert eingestellt, kann es passieren, dass selbst die kleinstmögliche Blendenöffnung des angeschlossenen Objektivs nicht mehr ausreicht, um eine Überbelichtung zu verhindern. In diesem Fall wird der Blendenwert im Sucher rot angezeigt. Reicht umgekehrt die größtmögliche Blende für eine korrekte Belichtung nicht mehr aus, wird dieser Blendenwert als Unterbelichtungswarnung ebenfalls im Sucher rot angezeigt.

Die Belichtungs- oder Verschlusszeit können Sie bei Ihrer X-T2 mit dem Belichtungszeitwahlrad in vollen Blendenstufen einstellen. Feinere 1/3-EV-Zwischenstufen können Sie wählen, indem Sie am vorderen Einstellrad drehen.

*Hinweis: Wenn Sie das Belichtungszeitwahlrad auf **T** stellen, können Sie mit dem dafür konfigurierten Einstellrad sämtliche verfügbaren Verschlusszeiten in 1/3-EV-Schritten einstellen.*

Fotografieren mit der **Programmautomatik** P **und Programm-Shift**	TIPP 45

Mit der Programmautomatik überlassen Sie es der Kamera, eine zur gewählten Belichtung passende Kombination aus Blende und Belichtungszeit einzustellen. Dieser Modus eignet sich besonders gut für unerfahrene Fotografen, die mit dem Zusammenspiel von Blende (zur Steuerung der Schärfentiefe) und Belichtungszeit (zur Steuerung der Bewegungsunschärfe) noch nicht vertraut sind.

Die längste von der Kamera gewählte Belichtungszeit beträgt in diesem Modus vier Sekunden. Reicht diese Zeit zusammen mit der maximalen Blendenöffnung nicht aus, kommt es zu einer Unterbelichtung und einer entsprechenden roten Warnanzeige.

Eine gewisse Einflussnahme auf die Belichtungsparameter erlaubt der sogenannte Programm-Shift [28]. Darunter versteht man die Möglichkeit, die von der Kamera gewählte Kombination aus Blende und Belichtungszeit gegenläufig nach oben oder unten zu verschieben, indem man das vordere Einstellrad nach links oder rechts dreht.

Wichtig: *Programm-Shift steht nur unter bestimmten Voraussetzungen zur Verfügung: DR-Auto darf nicht ausgewählt und es darf kein TTL-Blitz in Benutzung sein.*

Programm-Shift bietet Ihnen die Möglichkeit, eine passendere Kombination aus Blende und Belichtungszeit als die von der Programmautomatik vorgeschlagene auszuwählen. Drehen Sie dazu am vorderen Einstellrad und beobachten Sie, wie sich die Kombinationen aus Blende und Belichtungszeit gegenläufig verändern: Wenn Sie die Blende mit Programm-Shift weiter öffnen, verkürzt sich dadurch die Belichtungszeit. Wenn Sie kleinere Blendenöffnungen wählen, verlängert sie sich. Die Belichtung selbst bleibt dabei immer gleich (die Aufnahme wird also weder dunkler noch heller).

TIPP 46	Mit **Belichtungsreihen** auf Nummer sicher gehen

Wie Sie wissen, sorgt die Belichtungsautomatik mit ihren Modi **P**, **A** und **S** nur für die passenden Belichtungsparameter – für die richtige Belichtung sind Sie als Fotograf selbst verantwortlich. Dabei helfen Ihnen die Belichtungsmessung (Mehrfeld, Mittenbetont, Integral und Spot), der Live-View und das Live-Histogramm.

Aber: Nobody is perfect! Wenn Sie auf Nummer sicher gehen möchten, kann Ihnen eine Belichtungsreihe [29] helfen. In diesem Modus (DRIVE-Einstellrad > BKT und AUFNAHME-EINSTELLUNG > DRIVE-EINSTELLUNG >

BKT-EINSTELLUNG > BKT AUSWAHL > AUTO-BELICHTUNGS-SERIE) macht die Kamera nach dem Drücken des Auslösers schnell hintereinander drei Bilder mit jeweils unterschiedlichen Belichtungen: Neben einer normal belichteten Aufnahme werden auch ein knapper und ein reichlicher belichtetes Bild gemacht. Wie stark die beiden zusätzlichen Bilder von der Normalbelichtung nach oben und unten abweichen, können Sie im Untermenü BKT-EINSTELLUNG auswählen. Das Maximum beträgt ±2 EV.

Belichtungsreihen eignen sich insbesondere für unbewegte Motive, die Ihnen nicht weglaufen. Sie können so aus den drei Belichtungsvarianten später in Ruhe die beste Option auswählen.

Langzeitbelichtungen	TIPP 47

Langzeitbelichtungen [30] sind ein beliebtes Stilmittel: Ob Feuerwerk, Nachtaufnahmen, Wasserflächen, Sterne oder Wolkenbewegungen: Mit langen Belichtungszeiten von mehreren Sekunden oder Minuten lassen sich zeitlich längere Verläufe zu einem Augenblick verkürzen.

Hierzu ist es wichtig, die Kamera auf ein stabiles Stativ oder eine feste Unterlage zu stellen.

Sie haben folgende Optionen:

- Stellen Sie das Belichtungszeitwahlrad auf **T** (Time), um an der Kamera mit dem vorderen Einstellrad die gewünschte Belichtungszeit einzustellen. Lösen Sie anschließend am besten mit einem Fernauslöser oder Selbstauslöser aus, um Verwackeln zu vermeiden.

- Stellen Sie das Belichtungszeitwahlrad auf **B** (Bulb), um so lange zu belichten, wie Sie den Auslöser gedrückt halten. Sinnvollerweise sollten Sie für Bulb einen Fernauslöser mit Feststelltaste verwenden.

Für bestmögliche Bildergebnisse ist es wichtig, die Option BILDQUALITÄTS-EINSTELLUNG > NR LANGZ. BELICHT. > AN zu wählen. Die Kamera nimmt dann bei Langzeitbelichtungen (abhängig von der Belichtungsdauer und der ISO-Einstellung) einen sogenannten Schwarzbildabzug [31] (oder auch Dunkelbildabzug) vor. Dadurch verdoppelt sich die effektive Aufnahmedauer, sodass Sie je nach Länge der verwendeten Belichtungszeit etwas Geduld mitbringen müssen.

Abbildung 23: Eine **Langzeitbelichtung** von 30 Sekunden mit der T-Einstellung. Bitte verwenden Sie für solche Aufnahmen ein stabiles Stativ und lösen Sie mit einem Fern- oder dem Selbstauslöser aus.

TIPP 48 — Langzeitbelichtungen bei Tageslicht

Um bei normalem Tageslicht lange Belichtungszeiten zu realisieren, genügt es in der Regel nicht, das Objektiv weit abzublenden, etwa auf f/22. Zudem: Bei der X-T2 tritt bei Blendenwerten jenseits von f/10 sichtbare Beugungsunschärfe auf, sodass wir gut beraten sind, nur dann weiter abzublenden, wenn es sich nicht vermeiden lässt.

Um bei guten Lichtverhältnissen lange Belichtungszeiten zu erhalten, ist ein ND-Filter [32] (oder Neutraldichtefilter) die bessere Wahl. Dabei handelt es sich um einen gewöhnlichen Graufilter, der vor dem Objektiv angebracht wird und einen guten Teil des einfallenden Lichts abblockt, sodass weniger Licht auf den Sensor fällt.

Ein Filter mit der Stärke ND 3.0 zum Beispiel verlängert die Belichtungszeit ungefähr um den Faktor 1000 (oder zehn Blendenstufen). Das bedeutet, dass mit solch einem Filter eine Szene, die normalerweise mit f/8 und 1/50 s aufgenommen werden müsste, mit f/8 und einer Belichtungszeit von 20 Sekunden fotografiert werden kann.

Dabei gilt es jedoch zu beachten, dass die X-T2 einen recht schwachen Infrarot-Sperrfilter vor dem Bildsensor besitzt. Deshalb ist es sinnvoll, für mehrminütige Langzeitbelichtungen bei hellem Tageslicht nicht nur einen herkömmlichen Neutralgraufilter (ND-Filter) zur Verlängerung der Belichtungszeit, sondern zusätzlich auch noch einen dezidierten IR-Sperrfilter vor das Objektiv zu schrauben, um Farbverfälschungen zu vermeiden. Einige wenige ND-Filter verfügen bereits über eine eingebaute IR-Sperrfunktion.

ISO-Einstellungen – was steckt dahinter?	TIPP 49

ISO wird bei digitalen Kameras häufig missverstanden. Ein höherer ISO-Wert erhöht nicht die Empfindlichkeit des Sensors. Der Sensor in der X-T2 bleibt vielmehr immer gleich empfindlich und ist auf ISO 200 (nach dem sogenannten SOS-Standard [33]) kalibriert.

Es macht keinen Unterschied, ob Sie eine Aufnahme bei Blende 5,6 und 1/60 s mit ISO 100 oder mit ISO 25600 belichten – der Sensor bekommt in beiden Fällen genau die gleiche Lichtmenge ab, er wird in beiden Fällen gleich hell belichtet. Blende und Belichtungszeit allein bestimmen die Lichtmenge, die auf den Sensor fällt.

Was also macht der ISO-Wert? Ganz einfach: Er regelt die Signalverstärkung in der Kamera! Bei ISO 200, dem Nennwert der X-T2, findet die Grundverstärkung statt. Bei ISO 400 werden die aufgenommenen Bilddaten eine Blendenstufe mehr verstärkt oder »gepusht«. Bei ISO 800 sind es zwei Blendenstufen und so weiter. Bei ISO 25600 beträgt die zusätzliche Signalverstärkung volle sieben Blendenstufen. Das ist eine ganze Menge, weshalb es auch nicht verwunderlich ist, dass die Bildqualität mit zunehmender Verstärkung immer schlechter wird – Rauschen, Störungen und Artefakte werden schließlich mitverstärkt und der Unterschied zwischen dem eigentlichen Nutzsignal (dem Bild) und den Störungen wird mit zunehmender Verstärkung geringer, sodass es für die Kameraelektronik schwieriger wird, Bild und Bildstörungen zu unterscheiden und voneinander zu trennen.

Die »Verstärkung«, über die wir hier sprechen, ist eine Aufhellung des Bildes. Wenn Sie mit ISO 800 fotografieren, wird die Aufnahme von der Belichtungsautomatik um zwei Blendenstufen dunkler belichtet als bei

ISO 200, es fällt also um zwei Belichtungsstufen (EV) weniger Licht auf den Sensor. Folglich muss das Bildsignal anschließend um zwei Belichtungsstufen zusätzlich verstärkt werden, denn natürlich soll das Bildergebnis wieder die korrekte Helligkeit aufweisen.

Grundsätzlich gilt: Niedrigere ISOs führen zu qualitativ besseren Ergebnissen. ISO 200 liefert also eine bessere Bildqualität als ISO 6400. Deshalb ist es ratsam, die ISO-Einstellung so niedrig wie möglich zu halten. In der Praxis gelingt das freilich nicht immer, schließlich möchten wir auch bei schlechtem Licht fotografieren können.

Die Bildsignalverstärkung kann auf zweierlei Weise erfolgen:

- **Analoge und digitale Hybridverstärkung vor dem Schreiben der RAW-Datei:** Hierbei wird die Aufnahme mit einer Mischung aus analoger Signalverstärkung und digitalen Rechenoperationen »gepusht« und das digitale Ergebnis schließlich in der RAW-Datei gespeichert.

- **Digitale Verstärkung nach dem Schreiben der RAW-Datei:** Hierbei wird die Aufnahme erst bei der RAW-Entwicklung digital gepusht. Dies geschieht entweder automatisch beim Öffnen der RAW-Datei im RAW-Konverter oder indem man den Belichtungsregler im Konverter nach rechts verschiebt. Auch der in der X-T2 eingebaute RAW-Konverter gestattet solche Push-Operationen, um die Belichtung einer Aufnahme nachträglich zu erhöhen.

Die digitale Verstärkung bei der RAW-Konvertierung hat den Vorteil, dass sie reversibel ist: Sie können den Belichtungsregler jederzeit wieder nach links zurücknehmen und die Belichtung der Aufnahme damit reduzieren. Sie merken: ISO ist eine variable Angelegenheit, die digitale Verstärkung kann im RAW-Konverter angepasst werden.

Beim Sensor in der X-T2 handelt es sich um einen sogenannten »ISO-losen« Sensor. Bei diesem Sensortyp macht es qualitativ (fast) keinen Unterschied, ob eine Bildsignalverstärkung analog oder digital (bzw. erst nachträglich während der RAW-Entwicklung) erfolgt. Sie können die Belichtung Ihrer Aufnahmen also auch noch nachträglich im RAW-Konverter pushen, ohne mit gravierenden Qualitätseinbußen bestraft zu werden.

Abbildung 24: »ISO-loser« Sensor (1): Diese Aufnahme wurde mit ISO 1600 gemacht und in der Kamera *analog* von ISO 200 auf ISO 1600 verstärkt, bevor das Resultat digitalisiert und in die RAW-Datei geschrieben wurde.

Abbildung 25: »ISO-loser« Sensor (2): Diese Aufnahme wurde ebenfalls effektiv mit ISO 1600 gemacht, jedoch im RAW-Konverter *digital* von ISO 200 auf ISO 1600 verstärkt, indem der Belichtungsregler um drei Blendenstufen nach rechts verschoben wurde. Hier im Buch ist kein Qualitätsunterschied zwischen den beiden Aufnahmen festzustellen. Tatsächlich kann man in der vollen 100 %-Ansicht jedoch minimale Unterschiede ausmachen. Diese beiden Beispielbilder können Sie auf Flickr [34] in voller Auflösung ansehen.

| TIPP 50 | Erweiterte ISO-Einstellungen und ihre Besonderheiten |

Sicherlich haben Sie bemerkt, dass Ihre Kamera neben den »offiziellen« ISO-Einstellungen (ISO 200 bis ISO 12800) auch noch drei weitere ISO-Einstellungen besitzt: L (100), H (25600) und H (51200).

- **H steht für High:** Hier werden Bilddaten über das »normale« Maß hinaus digital verstärkt. Bei ISO 51200 wird die Verstärkung der letzten Blendenstufe dem RAW-Konverter überlassen. Die enorme Verstärkung führt selbstredend zu Qualitätseinbußen, deshalb sollte man zumindest ISO 51200 nur in Notfällen verwenden.

- **L steht für LOW:** Hier wird eine mit ISO 200 um eine Blendenstufe heller als gewöhnlich aufgenommene RAW-Datei um eine Blendenstufe nach unten gezogen (digitaler Pull, das Gegenteil der digitalen Push-Entwicklung) und anschließend gespeichert. Sie erhalten dadurch auf ISO 100 reduzierte RAW- und JPEG-Dateien mit einer Blendenstufe *weniger* Dynamikumfang als ein mit ISO 200 aufgenommenes JPEG oder RAW. ISO 100 ist deshalb mit Vorsicht zu genießen, helle Bildbereiche (Himmel, Wolken, Schnee, weiße Mauern etc.) können hier rasch ausfressen. Kontrastarme Szenen mit flauem Licht können mit ISO 100 umgekehrt kontrastreicher und somit lebendiger gestaltet werden.

| TIPP 51 | Auto-ISO und die Mindestverschlusszeit |

Da es aus Qualitätsgründen ratsam ist, die ISO-Einstellungen so niedrig wie möglich zu halten, bietet es sich an, die Auswahl eines geeigneten ISO-Werts zu automatisieren und der Kamera zu überlassen – jedoch mit klaren Vorgaben, welche die Wünsche des Fotografen berücksichtigen.

Diese Aufgabe erledigt die Auto-ISO-Funktion, (AUFNAHME-EINSTELLUNG > AUTOM. ISO-EINST.), die mit drei individuellen Voreinstellungen (AUTO1, AUTO2, AUTO3) konfiguriert werden kann. Folgende Parameter stehen bei der Auto-ISO-Konfiguration zur Auswahl:

- STANDARDEMPFINDLICHKEIT: Diese Einstellung setzt die untere ISO-Grenze fest. Die Kamera wird zunächst immer versuchen, diese untere ISO-Grenze zu verwenden.

- MAX.EMPFINDLICHKEIT: Diese Einstellung setzt die ISO-Obergrenze fest. Die Kamera wird die ISO-Werte höchstens bis zu dieser Obergrenze erhöhen.

- MIN. VERSCHL.ZEIT: Die Kamera erhöht den ISO-Wert (jedoch nicht weiter als bis zur unter MAX. EMPFINDLICHKEIT eingegebenen Grenze), wenn die hier eingegebene Verschlusszeit mit einem niedrigeren ISO-Wert nicht mehr realisiert werden kann.

Der Parameter MIN. VERSCHL.ZEIT ist naturgemäß nur in den Betriebsmodi A und P relevant, da die Belichtungszeit in den Modi M und S ohnehin fest vom Benutzer vorgegeben wird. Die Kamera setzt den ISO-Wert im Rahmen der vorgegebenen ISO-Untergrenze und -Obergrenze so fest, dass die bei MIN. VERSCHL.ZEIT eingegebene Belichtungsdauer nicht überschritten wird.

Beispiel: Sie fotografieren im Modus A (Zeitautomatik) bei schönem Wetter und Blende 5,6. Auto-ISO haben Sie mit ISO 200 als Untergrenze und ISO 12800 als Obergrenze eingestellt. Als Mindestverschlusszeit wurde 1/125 s gesetzt, da Sie Menschen auf der Straße fotografieren möchten, deren Bewegung nicht verschwimmen soll.

Bei gutem Licht ist das alles kein Problem: Die Kamera wird mit ISO 200 arbeiten und die Belichtungsautomatik dabei Verschlusszeiten anbieten, die kürzer als 1/125 s sind. Lässt das Licht nun aber nach und kann die Belichtungsautomatik 1/125 s bei Blende 5,6 nicht mehr darstellen, greift die ISO-Automatik ein und wählt einen höheren ISO-Wert, mit dem eine Belichtungszeit von 1/125 s wieder möglich ist. Das macht sie so lange, bis die eingestellte ISO-Obergrenze (in diesem Fall 12800) erreicht wurde. Reicht das Licht auch nach erreichter ISO-Obergrenze nicht für 1/125 s aus, verlängert die Belichtungsautomatik die Belichtungszeit entsprechend.

Im Modus S (Blendenautomatik) wird die Belichtungszeit bekanntlich vom Benutzer vorgewählt. Hier wählt Auto-ISO erst dann einen höheren ISO-Wert als die eingestellte Untergrenze aus, wenn die maximale Offenblende nicht mehr ausreicht, um mit der eingestellten Belichtungszeit die gewünschte Belichtung zu ermöglichen. Bei sehr lichtstarken Objektiven wie dem 56mmF1.2, 35mmF1.4 oder 23mmF1.4 ist dieses Verhalten ziemlich praxisfern, da die Schärfentiefe hier bei Offenblende häufig zu gering ausfällt. Auto-ISO wird deshalb in erster Linie zusammen mit den Belichtungsmodi **P** und **A** verwendet.

Die Auto-ISO-Mindestverschlusszeit sollten Sie nach den gleichen Kriterien festlegen wie die reguläre Verschlusszeit in den Modi **S** oder **M**:

- **Verwackelungsunschärfe:** Diese nimmt bei langen Brennweiten zu, kann bei Zoomobjektiven jedoch mit der eingebauten optischen Bildstabilisierung (OIS) minimiert werden.

- **Bewegungsunschärfe:** Für Action-Aufnahmen sollten Sie eine kurze Auto-ISO-Mindestverschlusszeit eintragen. Die kürzestmögliche Einstellung, die Sie auswählen können, ist derzeit 1/500 s.

Mehr zum Thema Auto-ISO können Sie auf Englisch in der X-Pert Corner [35] lesen.

TIPP 52	Auto-ISO im manuellen Belichtungsmodus **M**: die »Misomatik«

Mit Auto-ISO mutiert der manuelle Modus zu einer Art Belichtungsautomatik, der »Misomatik«. Sie wählen Blende und Belichtungszeit vor und die ISO-Automatik liefert die dazu passende ISO-Einstellung basierend auf der jeweils aktiven Belichtungsmessmethode (Mehrfeld, Integral, Mittenbetont, Spot).

Sinnvollerweise sollte Auto-ISO hier den vollen ISO-Bereich ausschöpfen können, also mit einer Untergrenze von 200 und einer Obergrenze von 12800 konfiguriert werden.

Sie können Blende (Schärfentiefe-Kontrolle) und Belichtungszeit (Kontrolle von Bewegungs- und Verwackelungsunschärfe) Ihren konkreten Motivanforderungen entsprechend exakt einstellen – keine Automatik funkt Ihnen dazwischen, Sie behalten die Kontrolle. Trotzdem fotografieren Sie dank Auto-ISO auch im manuellen Modus mit einer Quasibelichtungsautomatik, müssen sich also nicht selbst um die Belichtungseinstellung kümmern.

Die Misomatik bietet auch die Möglichkeit zur Belichtungskorrektur, bevor Sie den Auslöser drücken. Sie müssen sich also nicht blind auf das Ergebnis der Belichtungsmessung verlassen, sondern können die von der Kamera ermittelte Belichtung vor der Aufnahme mit dem Belichtungskorrekturrad nachjustieren – allerdings nur im Rahmen des von Ihren Auto-ISO-Einstellungen vorgegebenen ISO-Umfangs. Deshalb ist es ganz besonders wichtig, die Unter- und Obergrenzen von Auto-ISO auf die maximale Bandbreite von 200 bis 12800 einzustellen.

Wenn Sie sich beim Fotografieren mit der Misomatik die Zeit für eine Belichtungskorrektur sparen möchten, können Sie dabei auch einfach den DR-Modus der Kamera auf DR200% setzen. Auf diese Weise haben Sie bei einer *nachträglichen* Belichtungskorrektur im internen oder externen RAW-Konverter sowohl nach oben (Push) als auch nach unten (Pull) mindestens eine volle Blendenstufe Korrekturspielraum. Solange sich die Belichtungsmessung der Kamera nicht um deutlich mehr als eine volle Blendenstufe überbelichtet, können Sie eventuelle Fehlbelichtungen der Belichtungsautomatik also nachträglich mit dem Belichtungsregler Ihres RAW-Konverters ausgleichen.

Denken Sie immer daran: ISO ist nichts anderes als eine (bei ISO-losen Sensoren überwiegend digitale) Verstärkung des Bildsignals. Da sich bei Verwendung der Misomatik die einfallende Lichtmenge nicht ändert (Blende und Belichtungszeit haben Sie im Modus M schließlich fix vorgewählt), sondern allein die ISO-Signalverstärkung als Variable angepasst wird, können Sie diese Anpassung später bei der RAW-Entwicklung nachjustieren bzw. korrigieren. DR200% sorgt in diesem Zusammenhang dafür, dass Ihnen dieser nachträgliche Korrekturspielraum von mindestens 1 EV in beiden Richtungen – nach oben und nach unten – zur Verfügung steht.

ISO-Bracketing – mehr Gimmick als Feature	TIPP 53

ISO-Bracketing (DRIVE-Einstellrad > BKT und AUFNAHME-EINSTELLUNG > DRIVE-EINSTELLUNG > BKT-EINSTELLUNG > BKT AUSWAHL > ISO BKT) steht nur dann zur Verfügung, wenn Sie keine RAW-Dateien speichern. Im Prinzip handelt es sich dabei um eine Mogelpackung: Die Kamera macht eine einzelne Aufnahme mit dem eingestellten ISO-Wert und produziert anschließend zwei weitere JPEGs mit jeweils nach oben und unten gleichermaßen stark abweichenden ISO-Werten.

Es handelt sich also um einen nachträglichen digitalen Push bzw. Pull der zwischengespeicherten RAW-Daten, die am Ende wieder gelöscht werden, um keine Spuren zu hinterlassen. Das gleiche Ergebnis können Sie erzielen, indem Sie im RAW-Modus eine Aufnahme machen und diese anschließend mit dem eingebauten RAW-Konverter der X-T2 einmal mit Push und ein weiteres Mal mit Pull entwickeln.

Als echte Belichtungsreihe eignet sich ISO-Bracketing also nicht wirklich. Eine bessere Alternative ist AUTO-BELICHTUNGS-SERIE. Diese Variante macht schnell hintereinander drei unterschiedlich belichtete Aufnahmen und speichert sie zusammen mit den dazugehörenden RAW-Dateien ab. Belichtungsreihen stehen Ihnen übrigens auch im manuellen Modus M zur Verfügung.

> **TIPP 54** **Erweitern des Dynamikumfangs:** mehr Kontrastumfang dank Tonwertkorrektur

Wenn der Kontrastumfang eines Motivs den Dynamikumfang des Kamerasensors und der Bildverarbeitung übersteigt, tritt mindestens eines der folgenden Phänomene auf:

- Die Lichter Ihrer Aufnahme erscheinen zu hell, überbelichtet oder ausgefressen.

- Mittelhelle Töne erscheinen zu dunkel (unterbelichtet), Schattenpartien laufen zu.

In beiden Fällen ist die Aufnahme unausgewogen und bedarf einer Korrektur.

Leider ist es sehr schwierig bis unmöglich, in den RAW-Daten ausgefressene Lichter zu retten. Wesentlich einfacher und Erfolg versprechender ist die Anhebung (Nachbelichtung) von Schattenpartien und Mitteltönen. Diese selektive Änderung der Belichtung einer Aufnahme nennt man Tonwertkorrektur: Bestimmten Tonwerten (Helligkeitswerten) in der ursprünglichen Aufnahme werden neue Tonwerte (Helligkeitswerte) zugewiesen. Dies geschieht typischerweise mithilfe einer Tonwertkurve, viele Kameras oder externe RAW-Konverter verwenden hierfür jedoch auch komplexere mathematische Verfahren, sogenannte adaptive Tonwertkorrekturen.

Wenn Sie den kompletten Kontrastumfang eines Motivs in einer Aufnahme festhalten möchten, ist es sinnvoll, die Aufnahme so zu belichten, dass die hellsten bildwichtigen Stellen des Motivs noch Textur aufweisen, die einzelnen Farbkanäle also nicht überlaufen. Dies kann dazu führen, dass dunklere Bereiche des Motivs in der Aufnahme zu dunkel erscheinen und einer nachträglichen Korrektur bedürfen. Diese Korrektur können Sie später am PC selbst mithilfe eines externen RAW-Konverters durchführen.

Jeder RAW-Konverter arbeitet anders, jedes halbwegs vernünftige Programm verfügt jedoch über Funktionen zur selektiven Belichtungssteuerung. So können Sie die Gesamtbelichtung mit dem Belichtungsregler anheben und die dabei ausfressenden Lichter oft mit einem Wiederherstellungsregler zurückholen. Darüber hinaus verfügen viele Konverter über Regler, mit denen Sie gezielt zu dunkle Schattenpartien anheben können.

Mit der DR-Funktion in Ihrer X-T2 können Sie diese manuelle Arbeit in der Kamera automatisieren. Die DR-Funktion arbeitet zweistufig:

- Sie belichtet die RAW-Datei eine (DR200%) oder zwei (DR400%) Blendenstufen knapper als normal, um die Lichter einer Szene mit großem Kontrastumfang zu retten.

- Bei der RAW-Entwicklung in der Kamera werden die im ersten Schritt unterbelichteten Schatten und Mitteltöne wieder um eine (DR200%) oder zwei (DR400%) Blendenstufen mit einem digitalen ISO-Push angehoben, während die Lichter abhängig von ihrer Helligkeit weniger stark oder überhaupt nicht verstärkt werden.

Das fertige JPEG aus der Kamera wurde also einer selektiven Belichtungskorrektur unterworfen: Helle Lichter einer mit DR400% erstellten Aufnahme werden kaum oder gar nicht digital verstärkt, Mitteltöne und Schattenpartien hingegen um bis zu zwei Blendenstufen angehoben.

Analog dazu handelt es sich bei DR200% um eine RAW-Datei, die eine Blendenstufe knapper belichtet wurde. Bei der RAW-Entwicklung in der

Kamera wird die Datei per digitalem ISO-Push dann selektiv um bis zu eine Blendenstufe in den Schatten- und Mitteltonpartien aufgehellt.

Die DR-Funktion der Kamera nimmt Ihnen somit Arbeit ab: Sie belichtet zunächst knapper, um die Lichter einer kontrastreichen Szene zu retten. Anschließend führt sie bei der RAW-Entwicklung eine selektive Tonwertkorrektur durch und erzeugt dabei korrekt belichtete JPEG-Dateien mit einem erweiterten Lichterdynamikumfang: eine Blende mehr Lichterdynamik mit DR200%, zwei Blenden mehr mit DR400%.

Mit DR-Auto wählt die Kamera abhängig vom Motiv selbst die passende Dynamikeinstellung aus. Bitte beachten Sie, dass die X-T2 hier jedoch nur zwischen DR100% (keine Lichterdynamikerweiterung) und DR200% (eine Blendenstufe mehr Lichterdynamik) auswählt. DR400% (zwei Blendenstufen mehr Lichterdynamik) wird grundsätzlich nicht automatisch ausgewählt, diesen Wert müssen Sie also bei Bedarf stets manuell einstellen.

Die Einstellungen für die Dynamikerweiterung finden Sie unter BILDQUALITÄTS-EINSTELLUNG > DYNAMIKBEREICH oder im Quick-Menü.

Abbildung 26: Links sehen Sie eine Aufnahme mit der Einstellung **DR100%**: Das dunklere Lama im Vordergrund ist hier korrekt belichtet, der wesentlich hellere Hintergrund jedoch ausgefressen, weil er außerhalb des Dynamikumfangs liegt. Das Bild rechts zeigt die gleiche Aufnahme mit **DR400%**: An der Belichtung des Lamas im Vordergrund hat sich nichts geändert, der helle Hintergrund ist nun aber sauber durchgezeichnet, da die Kamera den Dynamikumfang (mittels knapperer Belichtung und einer anschließenden Tonwertkorrektur bei der JPEG-Entwicklung) um zwei Blendenstufen nach oben ausgeweitet hat.

> **Dynamikerweiterung für RAW-Shooter:** DR-Funktion ausschalten und auf die Lichter belichten! **TIPP 55**

RAW-Shooter stellen die Kamera bevorzugt auf DR100% ein, um ein Live-Histogramm zu erhalten, das dem zu erwartenden Bildergebnis weitgehend entspricht. Eine bewährte Strategie besteht darin, die Belichtung bei Szenen mit einem sehr großen Dynamikumfang und starken Kontrasten so zu korrigieren, dass bildwichtige Lichter *nicht* ausfressen – selbst wenn dies dazu führt, dass andere Motivteile dadurch erst einmal zu knapp (= zu dunkel) belichtet werden.

Sie wissen: Ausgefressene Lichter kann man bei der RAW-Entwicklung nicht mehr retten, während man zu dunkle Schatten und Mitteltöne nachträglich aufhellen oder »pushen« kann. Diese Tonwertkorrektur ist Bestandteil einer jeden RAW-Entwicklung bei Szenen, deren Dynamikumfang größer ist als der des Sensors.

Gehen Sie folgendermaßen vor:

- Korrigieren Sie die Belichtung bei der Aufnahme mithilfe des Live-Views und des Live-Histogramms so, dass bildwichtige Lichter nicht ausfressen. Das daraus resultierende Bildergebnis sieht häufig zu dunkel aus: Die Lichter sind zwar schön gezeichnet, das dunklere Hauptmotiv jedoch »säuft ab«.

- Ziehen Sie anschließend die Schatten und Mitteltöne in einem externen RAW-Konverter im Rahmen der RAW-Entwicklung an Ihrem Computer wieder hoch. Hierzu können Sie die Belichtung insgesamt erhöhen (Belichtungsregler nach rechts) und die Lichter anschließend mit einem entsprechenden Regler wiederherstellen. Alternativ können Sie auch lediglich die Schatten mit einem passenden Regler anheben oder Sie kombinieren beide Methoden. Jeder externe RAW-Konverter arbeitet anders, und auch jedes Bild ist anders. Wichtig ist, dass Sie einen RAW-Konverter verwenden, dessen Funktionsweise Sie verstehen.

Abbildung 27: Die Aufnahme links wurde auf die Lichter belichtet. Der Himmel ist dadurch optimal gezeichnet, beim Vordergrund tappt man hingegen buchstäblich im Dunkeln. Wenn Ihnen das so gefällt – wunderbar! Wenn nicht, muss die RAW-Datei eine Tonwertkorrektur durchlaufen.

Rechts sehen Sie dieselbe Aufnahme nach einer Tonwertkorrektur mit Adobe Lightroom. Die vormals schwarzen Schattenpartien wurden angehoben und zeigen nun Texturen und Details. Diese Methode ist auch als »adaptives ISO« bekannt, da unterschiedliche Bildbereiche im RAW-Konverter eine unterschiedlich starke Verstärkung (= ISO-Erhöhung) erfahren. Während die Schattenpartien deutlich sichtbar nachbelichtet wurden, blieben die Lichter weitgehend unangetastet.

TIPP 56	JPEG-Einstellungen für RAW-Shooter

Damit das Live-Histogramm Ihrer X-T2 einen möglichst großen Tonwertumfang abbildet (und damit dem Tonwertumfang der RAW-Datei möglichst nahekommt), können Sie als RAW-Shooter die JPEG-Parameter der Kamera im Menü BILDQUALITÄTS-EINSTELLUNG entsprechend anpassen. Wählen Sie hierzu am besten die folgenden Einstellungen:

- FILMSIMULATION > PRO NEG. STD (Dieser Modus liefert weiche Lichter- und Schattenkontraste und stellt einen großen Tonwertumfang dar.)

- TON LICHTER > –2 (Damit flachen Sie die Lichter-Kontrastkurve ab, sodass mehr helle Tonwerte im Live-Histogramm und Live-View sichtbar sind.)

- SCHATTIER. TON > –2 (Damit flachen Sie die Schatten-Kontrastkurve ab und hellen die Schattentöne im Live-View und Live-Histogramm auf.)

Mit diesen JPEG-Einstellungen erhalten Sie ein Sucherbild und Live-Histogramm mit größtmöglichem Kontrastumfang. Die mit diesem Profil erzeugten JPEGs sind entsprechend flau. Auf den Inhalt der RAW-Dateien haben die Einstellungen hingegen keinen Einfluss, da RAWs ohnehin immer den vollen Kontrastumfang des Sensors aufzeichnen.

Es ist ratsam, diese JPEG-Einstellungen in einem eigenen Benutzerprofil zu speichern, damit Sie die Einstellungen jederzeit schnell abrufen können. Die bis zu sieben Benutzerprofile Ihrer X-T2 können Sie mit BILDQUALI-TÄTS-EINSTELLUNG > CUST BEARB/SPEICH bearbeiten.

> **Dynamikerweiterung für JPEG-Shooter:** Verwenden Sie die DR-Funktion und belichten Sie auf die Schatten!   **TIPP 57**

Wenn Sie nicht nur RAWs, sondern auch JPEGs aus der Kamera verwenden möchten, kommt bei Motiven mit sehr großem Dynamikumfang die DR-Funktion der X-T2 ins Spiel. Wie Sie wissen, automatisiert die DR-Funktion einen zweistufigen Vorgang: zunächst eine knappere Belichtung (um helle Lichter zu retten) und anschließend eine Tonwertkorrektur im eingebauten RAW-Konverter, bei der die zu dunklen Schattenpartien und Mitteltöne wieder passend angehoben werden.

Wenn Sie diese Funktion ohne viel nachzudenken verwenden möchten, stellen Sie die Kamera einfach auf DR-Auto oder wählen manuell DR200% bzw. DR400%. Denken Sie daran, dass DR200% mindestens ISO 400 und DR400% mindestens ISO 800 benötigen. Wählen Sie also einen ausreichend hohen ISO-Wert oder – noch besser – stellen Sie die Kamera auf Auto-ISO ein. Auf diese Weise kann die X-T2 selbst einen zur jeweiligen DR-Einstellung passenden ISO-Wert auswählen.

Wenn Sie nicht raten oder schätzen wollen, welche DR-Einstellung für ein bestimmtes Motiv richtig ist, können Sie die DR-Funktion mit etwas mehr Aufwand auch feinjustieren. Dabei ermitteln Sie zunächst den Umfang der benötigten Dynamikerweiterung und wählen dann dazu passend entweder DR200% oder DR400% aus.

Gehen Sie folgendermaßen vor:

- Stellen Sie DR100% ein und belichten Sie zunächst auf die bildwichtigen Lichter. Korrigieren Sie die Belichtung mit dem Belichtungskorrekturrad so, dass helle Bildbereiche im Live-Histogramm und Live-View *nicht* ausfressen. Achten Sie darauf, dass sich am rechten Rand des Live-Histogramms kein abgeschnittenes Gebirge auftürmt. Diese Methode kennen Sie bereits, wenn Sie als RAW-Shooter kontrastreiche Motive aufnehmen und dabei die Lichter schützen wollen.

- In einem zweiten Schritt korrigieren Sie die soeben ermittelte Belichtung nun erneut mit dem Belichtungskorrekturrad – jetzt aber nach oben, und zwar so weit, dass Schatten und Mitteltöne mit der von Ihnen gewünschten Helligkeit dargestellt werden. Zählen Sie dabei die für diese Korrektur benötigten Klicks am Belichtungskorrekturrad: Ein bis drei Klicks bedeuten, dass Sie für Ihre Aufnahme maximal eine Blendenstufe zusätzliche Lichterdynamik benötigen, also von DR100% auf DR200% umschalten sollten. Mehr als drei Klicks bedeuten, dass Sie mehr als eine Blendenstufe zusätzliche Lichterdynamik benötigen und folglich von DR100% zu DR400% wechseln sollten.

Abbildung 28: Bei **Nachtszenen mit großem Dynamikumfang** empfiehlt sich eine feste Einstellung auf DR400%, um Farben und Zeichnung heller Lichter zu bewahren (Classic Chrome, DR400%).

Abbildung 29: Andererseits gibt es kontrastreiche Situationen, in denen Sie die Belichtung auf die hellen Bildbereiche abstimmen möchten, um dunkle Partien bewusst absaufen zu lassen. In solchen Fällen ist es sinnvoll, DR100% auszuwählen und auf die Lichter zu belichten (Provia, DR100%).

Die obigen Beispiele illustrieren, dass es sich bei DR-Auto um einen »dummen« Modus handelt, denn woher soll die Kamera auch wissen, was der Fotograf im Schilde führt? DR-Auto hätte sich in beiden Bildsituationen aufgrund des hohen Kontrastumfangs der Szene für DR200% entschieden – und damit in beiden Fällen falsch gelegen. Wenn Sie faule Kompromisse vermeiden wollen, ist es also besser, den Dynamikumfang selber einzustellen.

Wichtig: *Die X-T2 simuliert die Wirkung manuell erweiterter Dynamikeinstellungen (DR200%, DR400%) normalerweise im Live-View und Live-Histogramm. Eine automatische Dynamikerweiterung via DR-Auto wird hingegen* **nicht** *im Live-View simuliert, stattdessen sehen Sie ein DR100%-Sucherbild und -Histogramm auch dann, wenn sich die Kamera letztlich für DR200% entscheidet.*

Bei ISO 100 wiederum zeigen Live-View und Live-Histogramm den Dynamikumfang von ISO 200 an, unterschlagen also den Verlust von einer Blendenstufe Lichterdynamik. Erst wenn Sie den Auslöser halb durchdrücken, stimmt die Bildvorschau wieder, in diesem Stadium steht jedoch kein Histogramm mehr zur Verfügung.

Abbildung 30: **Dynamikeinstellungen im Vergleich:** Links oben sehen Sie unser Testmotiv mit ISO 100, was praktisch einer DR-Einstellung von DR50% entspricht. Die Lichterdynamik ist sehr eingeschränkt, weite Teile des Motivs sind ausgefressen.

Das Beispiel rechts oben zeigt das Motiv mit ISO 200 (und damit DR100%). Hier ist etwas mehr Lichterdynamik vorhanden, trotzdem sind weite Teile des Himmels ohne Struktur.

Links unten sehen Sie die Testaufnahme mit DR200% und ISO 400. Die zusätzliche Blendenstufe Lichterdynamik macht sich hier bereits sehr positiv bemerkbar.

Rechts unten sehen Sie das Motiv mit DR400% und ISO 800, was gegenüber DR100% zwei Blendenstufen mehr Lichterdynamik bringt. Hier sind nun alle Bildbereiche sauber durchgezeichnet und es treten keine Farbverschiebungen mehr auf.

High-key- und Porträt-Fotografie mit der DR-Funktion	TIPP 58

Unter High-key-Fotografie [36] versteht man Aufnahmen, deren Tonwerte vor allem die rechte Hälfte des Histogramms okkupieren. Technisch kann man solche Aufnahmen dadurch erzielen, dass man die Szene hell und gleichförmig (also mit geringen Kontrastunterschieden) ausleuchtet und sie dann mit der Kamera um eine bis zwei Blendenstufen überbelichtet. Das Ergebnis sind helle Bilder mit fröhlichen, luftigen Farben. Die Technik wird gerne in der Produkt- und Werbefotografie eingesetzt. Auch Schwarz-Weiß-Aufnahmen sind mit High-key selbstverständlich möglich, und auch in diesem Fall belegen die Tonwerte dann überwiegend die rechte Histogrammhälfte.

Abbildung 31: Beispiel für eine **High-key-Aufnahme,** für die das Model bei stark bedecktem Himmel (= gleichförmiges weiches Licht) vor einer hellen Hauswand abgelichtet wurde. Aufgrund des geringen Kontrastumfangs der Szene konnte die Aufnahme mit ISO 200 und DR100% gemacht werden, ohne dass die reichliche Belichtung zu ausgefressenen Partien führte.

Normalerweise braucht High-key-Fotografie passende Lichtverhältnisse, denn ist der Kontrastumfang einer Szene zu groß, führt die Überbelichtung von ein bis zwei Blendenstufen dazu, dass besonders helle Bildbereiche ausfressen.

In einem solchen Fall hat man zwei Möglichkeiten: Entweder man verringert den Kontrastumfang der Szene mithilfe eigener Leuchtmittel (etwa einer Blitzanlage), oder man führt bei der RAW-Bearbeitung eine Tonwertkorrektur durch, die dunkle und mittelhelle Bildbereiche nachträglich aufhellt und dabei die hellsten Bildbereiche schützt.

Die zweite Option steht uns dank der DR-Funktion auch in der Kamera zur Verfügung, sodass wir JPEGs mit High-key-Look auch ohne weitere Hilfsmittel direkt in der Kamera erzeugen können.

So geht's:

- Stellen Sie die Kamera in den manuellen Belichtungsmodus **M** und deaktivieren Sie Auto-ISO. Blende, Belichtungszeit und ISO werden also von Hand eingestellt. Stellen Sie außerdem den Dynamikumfang zunächst auf DR100% ein.

- Belichten Sie Ihre (zu) kontrastreiche Szene wie gewohnt auf die Lichter, also auf die hellsten Bildpartien, die nicht ausfressen sollen. Dabei helfen Ihnen wie immer der Live-View und das Live-Histogramm. Stellen Sie Blende, Belichtungszeit und ISO entsprechend dieser Belichtung ein und machen Sie zur Sicherheit eine Testaufnahme.

- Verdoppeln Sie nun Ihre ISO-Einstellung (zum Beispiel von ISO 200 auf ISO 400) und stellen Sie parallel dazu den Dynamikumfang von DR100% auf DR200% um. Blende und Belichtungszeit lassen Sie dabei jedoch unverändert!

- Machen Sie die Aufnahme mit den neuen Einstellungen und betrachten Sie das High-key-Ergebnis mit der Wiedergabefunktion.

Für die von der Kamera aufgezeichneten RAW-Daten macht es keinen Unterschied, ob Sie eine Aufnahme zum Beispiel mit ISO 200, DR100%, f/5.6 und 1/1000 s machen oder mit ISO 400, DR200%, f/5.6 und 1/1000 s. Auch ISO 800, DR400%, f/5.6 und 1/1000 s führt in diesem Beispiel zu exakt denselben RAW-Daten, solange sich die aufgenommene Szene nicht verändert. Die Unterschiede zeigen sich jedoch in den von der Kamera ausgegebenen JPEGs, die in den Schatten und mittelhellen Bereichen deutlich heller werden (High-key), ohne dass die hellsten Bildbereiche dabei jedoch ausfressen.

Abbildung 32: **Die DR-Funktion als virtuelles High-key-Studio:** Links sehen Sie eine regulär mit ISO 200, DR100%, f/5.6 und 1/1000 s belichtete Aufnahme einer Blume. Die Belichtung wurde so gewählt, dass die weißen Blütenblätter gerade noch Struktur aufweisen. Das rechte Bild zeigt dieselbe Aufnahme mit ISO 400, DR200%, f/5.6 und 1/1000 s. Während sich die RAW-Daten der beiden Aufnahmen nicht voneinander unterscheiden, erzielt man mit der ISO 400/DR200%-Version den gewünschten High-key-Look, ohne dass die hellen Motivbereiche (in diesem Fall die weißen Blütenblätter) im resultierenden JPEG ausfressen. Die Kombination aus verdoppelter ISO- und parallel dazu verdoppelter DR-Einstellung (unter Beibehaltung aller anderen Belichtungsparameter) verschiebt das Histogramm der Aufnahme nach rechts, jedoch ohne die Lichter abzuschneiden – die Tonalität der Lichter wird stattdessen komprimiert. Sie können solche Ergebnisse mit dem eingebauten RAW-Konverter auch nachträglich feinabstimmen, etwa indem Sie den Lichterkontrast (TON LICHTER) reduzieren. Außerdem können Sie aus einer zum Beispiel mit ISO 400/DR200% gemachten High-key-Aufnahme im eingebauten RAW-Konverter jederzeit ein »reguläres« JPEG mit ISO 200/DR100% generieren, indem Sie das RAW mit PULL –1 EV und DR100% in der Kamera neu entwickeln.

Diese Tonwertkompression kann man auch bei Porträtaufnahmen verwenden, um harte Kontraste in Gesichtern auszugleichen, die mit einer einzelnen Lichtquelle (etwa der Sonne) gerne auftreten. Mit der beschriebenen High-key-Technik können Sie etwa dunkle Augenhöhlen und Schatten unter der Nase aufhellen, ohne dass die hellen Hautpartien dabei ausfressen. Gleichzeitig reduziert die Tonwertkompression sichtbare Unreinheiten in den hellen Hautpartien.

Abbildung 33: Der **High-key-Trick bei einem Porträt:** Dieses Beispiel zeigt eine absichtlich gewählte ungünstige Lichtsituationen mit starken Kontrasten in einem Gesicht.

Links oben sehen Sie ein JPEG mit der Filmsimulation CLASSIC CHROME, das mit ISO 200 auf die hellsten schützenswerten Bildpartien belichtet wurde, was jedoch dazu führt, dass die Augen »absaufen« und das Gesicht insgesamt zu dunkel ausfällt.

Rechts oben sehen Sie dieselbe Aufnahme, jedoch um zwei Blendenstufen heller und mit entsprechend erweiterter Lichterdynamik, also mit ISO 800 und DR400% (bei gleich bleibender Blende und Belichtungszeit). Außerdem wurde TON LICHTER −2 eingestellt, um die hellsten Hautpartien noch weiter zurückzunehmen. Die Augen sind bei dieser High-key-Variante deutlich heller und die Schatten im Gesicht nahezu verschwunden.

Mit dem eingebauten RAW-Konverter können Sie in Ihrer X-T2 aus den RAW-Daten jederzeit auch eine »normalere« Version Ihrer Aufnahme erzeugen. Links unten sehen Sie eine solche Variante mit PULL −1 (aus ISO 800 wird so effektiv ISO 400) und dementsprechend nur noch DR200% (um den Pull zu kompensieren), außerdem SCHATTIER. TON −2 (für hellere Schatten) und TON LICHTER −1 (um die hellsten Hauttöne etwas zurückzunehmen).

Alternativ können Sie die RAW-Datei auch ganz nach Ihrem Geschmack extern entwickeln, wie das mit Adobe Lightroom erstellte Beispiel rechts unten illustriert.

| TIPP 59 | **HDR-Aufnahmen** mit der X-T2 |

Eine beliebte Methode, um Motive mit sehr hohem Kontrastumfang abzubilden, ist die HDR-Fotografie. HDR [37] steht für »High Dynamic Range«: Dabei werden mehrere unterschiedlich belichtete Einzelbilder einer Szene aufgenommen und diese anschließend zu einem einzigen Bild mit erweitertem Dynamikumfang verschmolzen.

Zahlreiche Kameras und Smartphones besitzen mittlerweile eine eingebaute HDR-Funktion, die dieses Verfahren automatisiert. Die X-T2 zählt nicht zu diesen Kameras, Sie müssen die unterschiedlich belichteten Einzelbilder also selber am PC mit einem passenden Programm verschmelzen. Beliebte HDR-Programme sind zum Beispiel HDR Efex Pro von NIK/Google oder Photomatix Pro von HDRsoft. Auch Adobe Lightroom verfügt ab Version 6 über eine leistungsstarke HDR-Funktion.

In diesem Tipp geht es darum, wie Sie eine HDR-taugliche Belichtungsreihe – den Input für ein HDR-Programm – mit Ihrer X-T2 erzeugen können.

In der Regel benötigt man für HDR-Zwecke mindestens zwei unterschiedlich belichtete Aufnahmen eines Motivs. Einige Fotografen gehen weiter und belichten fünf oder mehr Varianten. Mit der X-T2 können Sie mit wenigen Arbeitsschritten sogar eine Belichtungsreihe aus neun Aufnahmen erstellen.

Bereiten Sie Ihre Kamera zunächst folgendermaßen vor:

- Setzen Sie die X-T2 auf ein stabiles Stativ oder eine entsprechend feste Unterlage. Wenn Ihr Objektiv mit OIS ausgestattet ist, so schalten Sie diesen bitte aus.

- Schließen Sie einen Fernauslöser an oder stellen Sie den Selbstauslöser auf zwei Sekunden ein.

- Verwenden Sie den Belichtungsmodus **A** (Zeitautomatik).

- Stellen Sie einen möglichst niedrigen festen ISO-Wert (zum Beispiel ISO 200) ein. Verwenden Sie jedoch nicht ISO 100.

- Schalten Sie die Dynamikerweiterung der Kamera aus und wählen Sie stattdessen DR100%.

- Wählen Sie eine geeignete Blende vor und fokussieren Sie dann manuell. Auf diese Weise wird sichergestellt, dass alle neun Aufnahmen der Belichtungsreihe genau gleich fokussiert sind. Dabei ist es unerheblich, ob Sie die HDR-Belichtungsreihe mit einem nativen oder einem adaptierten Objektiv aufnehmen.

- Wählen Sie am DRIVE-Einstellrad die Option BKT und stellen Sie AUTO-BELICHTUNGS-SERIE mit einer Varianz von ±1 EV im Menü AUFNAHME-ENSTELLUNG > DRIVE-EINSTELLUNG > BKT-EINSTELLUNG ein.

- Verwenden Sie am besten die Integralmessung.

Nach dieser Vorbereitung können Sie nun eine Belichtungsreihe mit neun unterschiedlich belichteten Aufnahmen erzeugen. Gehen Sie dazu wie folgt vor:

- Stellen Sie das Belichtungskorrekturrad auf 0 (neutrale Stellung) und drücken Sie den Auslöser. Verwenden Sie dabei einen Fern- oder den Selbstauslöser mit zwei Sekunden Verzögerung, um Erschütterungen zu vermeiden. Die Kamera macht nun in schneller Folge die ersten drei Aufnahmen der Belichtungsreihe: 0 EV, −1 EV und +1 EV.

- Stellen Sie das Belichtungskorrekturrad auf −3 EV und drücken Sie erneut den Auslöser. Die Kamera erstellt nun Aufnahmen mit −3 EV, −2 EV und −4 EV Belichtungskorrektur.

- Stellen Sie das Belichtungskorrekturrad im letzten Schritt auf +3 EV ein. Wenn Sie nun den Auslöser drücken, erhalten Sie drei weitere Aufnahmen, diesmal mit Korrekturen von +3 EV, +4 EV und +2 EV.

Sie haben nun neun Aufnahmen mit einem zusätzlichen Belichtungsumfang von ±4 EV erstellt, die Sie im HDR-Programm Ihrer Wahl miteinander verschmelzen können.

Bitte beachten Sie, dass die maximale Belichtungsdauer der Belichtungsautomatik 30 Sekunden beträgt. Die Belichtungszeit der Basisbelichtung (0 EV Korrektur) sollte deshalb nicht länger als zwei Sekunden sein.

Wenn Sie für Aufnahmen längere Belichtungszeiten als 30 Sekunden benötigen, können Sie hierfür den manuellen Modus M mit der Bulb-Einstellung (B) am Belichtungszeitwahlrad verwenden.

Abbildung 34: Diese **HDR-Aufnahme** besteht aus zwei um fünf Blendenstufen auseinanderliegend belichteten RAW-Dateien, die in Adobe Lightroom miteinander verschmolzen wurden.

TIPP 60 — HDR für Ungeduldige

Dank des ISO-losen Sensors in der X-T2 können Sie HDR-Aufnahmen effektiv auch aus der Hand machen. Sie brauchen dafür allerdings eine aktuelle Version von Adobe Lightroom oder Adobe Camera RAW, um zwei unterschiedlich belichtete RAW-Dateien aus der X-T2 zu einer HDR-DNG-Datei verrechnen lassen zu können.

Beginnen wir mit den Voreinstellungen:

- Verwenden Sie den Belichtungsmodus A (Zeitautomatik).
- Stellen Sie einen möglichst niedrigen festen ISO-Wert (zum Beispiel ISO 200) ein. Verwenden Sie jedoch nicht ISO 100.

- Schalten Sie die Dynamikerweiterung der Kamera aus und wählen Sie stattdessen DR100%.
- Wählen Sie eine geeignete Blende vor.
- Wählen Sie am DRIVE-Einstellrad die Option BKT und stellen Sie AUTO-BELICHTUNGS-SERIE mit einer Varianz von ±2 EV im Menü AUFNAHME-ENSTELLUNG > DRIVE-EINSTELLUNG > BKT-EINSTELLUNG ein.
- Verwenden Sie am besten die gutmütige Integralmessung.
- Stellen Sie die »JPEG-Einstellungen für RAW-Shooter« aus Tipp 56 ein, also FILMSIMULATION > PRO NEG. STD, SCHATTIER. TON −2 und TON LICHTER −2.
- Wählen Sie EINRICHTUNG > TASTEN/RAD-EINSTELLUNG > AE/AF LOCK MODUS > AE/AF-L EIN/AUS.

So machen Sie die HDR-Aufnahmen:

- Belichten Sie auf die Lichter! Stellen Sie die Belichtung mithilfe des Belichtungskorrekturrades also so ein, dass im Live-View und Live-Histogramm keine Lichter ausgefressen erscheinen. Merken Sie sich die am Ende angezeigte Verschlusszeit.
- Speichern Sie die soeben ermittelte Belichtung mit der AE-L-Taste, ohne dabei den Bildausschnitt zu verändern. Die nun gespeicherte und angezeigte Verschlusszeit sollte dem zuvor angezeigten Wert entsprechen.
- Korrigieren Sie die gespeicherte Belichtung mit dem Belichtungskorrekturrad nun um 2 EV (= sechs Klicks am Korrekturrad) nach oben.
- Fokussieren Sie und drücken Sie den Auslöser. Halten Sie die Kamera dabei besonders ruhig, um zwischen den Serienaufnahmen nicht den Bildausschnitt zu verändern. Die X-T2 macht nun in sehr schneller Folge drei Bracketing-Aufnahmen, von denen uns jedoch nur die beiden letzten Bilder interessieren. Diese liegen 4 EV auseinander.
- Laden Sie die beiden letzten Bilder aus Ihrer 3er-Belichtungsreihe als RAW-Dateien in Adobe Lightroom und verschmelzen Sie die Dateien dort mithilfe der HDR-Funktion des Programms zu einer HDR-DNG-Datei, die Sie anschließend entwickeln können.

Bei diesem Trick kombinieren wir verschiedene der in diesem Kapitel vorgestellten Funktionen und Techniken – von der Belichtungsreihe und Belichtungskorrektur bis zur AE-L-Taste. Indem wir zwei Aufnahmen mit 4 EV Belichtungsunterschied in schneller Serienbildgeschwindigkeit machen, gibt es zwischen den beiden Bildern keine oder kaum Bewegungsunschärfe.

Die dunklere der beiden Aufnahmen ist dabei optimal auf die Lichter belichtet, während die hellere auf RAW-Ebene vier Blendenstufen weniger Motivrauschen (Shot Noise) aufweist. Da die Kamera selbst – aufgrund ihrer ISO-losen Sensoreigenschaften – wiederum nahezu kein Ausleserauschen (Read Noise) produziert, können wir das um 4 EV heller belichtete RAW bei der RAW-Konvertierung problemlos um weitere 3 EV aufhellen (praktisch ein Push von ISO 200 auf ISO 1600), ohne dass es dabei zu nennenswerten Störungen kommt. Insgesamt gewinnen wir gegenüber einer einzelnen (auf die Lichter belichteten) Aufnahme also bis zu 7 EV zusätzlichen Dynamikumfang. Das reicht für nahezu alle denkbaren Motive aus – und wir können bequem aus der Hand belichten, solange die Belichtungszeit der helleren der beiden um 4 EV auseinanderliegenden Aufnahmen nicht zu Verwackelungsunschärfe führt.

Damit das Ganze funktioniert, brauchen wir außerdem einen RAW-Konverter, der unterschiedlich belichtete RAW-Dateien zu einer einzelnen RAW- bzw. DNG-Datei mit entsprechend erweitertem Dynamikumfang verschmelzen kann. Mit Adobe Lightroom steht uns so ein Programm zur Verfügung.

TIPP 61	Der elektronische Verschluss

Der elektronische Verschluss der X-T2 bietet drei Vorteile: Er arbeitet vollkommen lautlos, er verhindert Vibrationen durch einen mechanischen Shutter Shock und er ermöglicht ultrakurze Verschlusszeiten bis zu 1/32000 s. Das ist zum einen praktisch, wenn Sie beim Fotografieren besonders unauffällig sein müssen, und zum anderen, wenn Sie lichtstarke Objektive wie das XF56mmF1.2 R bei gutem Licht mit Offenblende verwenden und dabei gern auf einen Graufilter verzichten möchten.

Das Zusammenspiel zwischen dem mechanischen (MS = Mechanical Shutter) und dem elektronischen Verschluss (ES = Electronic Shutter) regelt die Einstellung AUFNAHME-EINSTELLUNG > AUSLÖSERTYP. Hier stehen drei Optionen zur Verfügung:

- **MS:** Dies ist die Standardeinstellung der Kamera, in der ausschließlich der mechanische Verschluss verwendet wird.
- **ES:** Mit dieser Einstellung schalten Sie die Kamera auf den elektronischen Verschluss um. Es stehen Belichtungszeiten zwischen 30 s und 1/32000 s sowie ISO-Einstellungen von 200 bis 12800 zur Verfügung. Mit dem elektronischen Verschluss kann nicht geblitzt werden.
- **MS+ES:** In diesem Modus kombiniert die Kamera beide Verschlusstypen und verwendet den elektronischen Verschluss automatisch dann, wenn Verschlusszeiten von weniger als 1/8000 s eingestellt wurden oder für eine korrekte Belichtung benötigt werden. Blitzen ist innerhalb des Wirkungskreises des mechanischen Verschlusses weiterhin möglich, und der ISO-Bereich ist auf 200–12800 begrenzt.

Um mit dem elektronischen Verschluss Belichtungszeiten unter 1/8000 s einzustellen, wählen Sie am Belichtungszeitwahlrad 1/8000 s aus und drehen anschließend das für die Anpassung der Verschlusszeit konfigurierte Einstellrad nach rechts. Alternativ können Sie das Belichtungszeitwahlrad auch auf **T** stellen und alle verfügbaren Verschlusszeiten mit dem entsprechenden Einstellrad in 1/3-EV-Schritten auswählen.

Bitte beachten Sie, dass der elektronische Verschluss selbst bei 1/32000 s gut 1/20 s benötigt, um die Bilddaten für den gesamten Sensor zu erfassen. Anders gesagt: Zwischen dem Erfassen des ersten und des letzten der gut 24 Mio. Sensorpixel verstreicht 1/20 s.

Dieser Effekt ist auch als Rolling Shutter [38] bekannt und führt unter anderem dazu, dass sich schnell bewegende Motive verzerrt erscheinen, wenn sie mit dem elektronischen Verschluss aufgenommen werden. Darüber hinaus kann es in Verbindung mit pulsierenden und flackernden Kunstlichtquellen zu unschönen Bildstörungen kommen. Der Rolling Shutter und die lange Auslesezeit sind auch dafür verantwortlich, dass der elektronische Verschluss nicht in Verbindung mit Blitzlicht verwendet werden kann.

Da der elektronische Verschluss vollkommen lautlos arbeitet, generiert die Kamera bei seiner Verwendung selbst einen Ton. Art und Lautstärke dieses künstlichen Auslösegeräuschs können Sie unter EINRICHTUNG > TON-EINSTELLUNG einstellen bzw. es dort auch ganz ausschalten.

Abbildung 35: Der **elektronische Verschluss** ist eine praktische Option für Aufnahmen mit Offenblende unter hellen Lichtbedingungen, wo 1/8000 s manchmal nicht mehr ausreicht.

2.4 FOKUSSIEREN MIT DER X-T2

CDAF, PDAF, Hybrid-AF? Das kann für Verwirrung sorgen. Die X-T2 verfügt über ein hybrides Autofokussystem, das CDAF und PDAF miteinander kombiniert:

- **CDAF** steht für Kontrastdetektions-AF und ist das Standardverfahren spiegelloser Kameras. CDAF steht über die gesamte Sensorfläche (91 bzw. 325 AF-Felder im Einzelpunkt-Modus bzw. 91 AF-Felder im Zonen- und Weit/Verfolgung-Modus) zur Verfügung und arbeitet sehr präzise, jedoch nicht immer besonders schnell.

- **PDAF** steht für Phasendetektions-AF und ist das Standardverfahren von Spiegelreflexkameras. PDAF wurde bei der X-T2 direkt auf dem Sensor realisiert und steht im Modus EINZELPUNKT nur für die 49 (bzw. 169) zentralen AF-Felder zur Verfügung. Dieses Verfahren operiert sehr schnell und ist besonders gut geeignet, sich bewegende Objekte zu verfolgen und (etwa im Serienbildmodus) vorherzusagen, wie weit von der Kamera entfernt sich ein verfolgtes Objekt zum Zeitpunkt der nächsten Auslösung befinden wird.

- **Hybrid-AF** bedeutet, dass die X-T2 beide Verfahren (CDAF und PDAF) kombiniert und automatisch das zum Objektiv, zum Motiv, zu den Lichtverhältnissen und zu den Kameraeinstellungen passende Verfahren auswählt. Sie haben – sofern Sie eines der mittleren AF-Felder verwenden – als Benutzer keinen direkten Einfluss darauf, welches Verfahren wann zum Einsatz kommt. Bei den äußeren AF-Feldern wird stets das Kontrastdetektionsverfahren verwendet.

TIPP 62 — Merkmale von **CDAF und PDAF**

Die beiden Autofokusverfahren Ihrer X-T2 weisen einige Merkmale auf, die Ihnen in der Fotopraxis nützlich sein könnten:

- Der CDAF fokussiert auf Flächen und arbeitet umso besser, je kontrastreicher die Fläche unter dem jeweils aktiven Autofokusfeld ist. Eine weiße oder schwarze Wand ist dafür nicht besonders gut geeignet, ein gemustertes Kleidungsstück dagegen umso besser. Der CDAF ermittelt den optimalen Schärfepunkt, indem er per Versuch/Irrtum die Entfernung mit dem maximalen Kontrast unter dem aktiven AF-Feld ermittelt. Der CDAF steuert die optimale Entfernung nicht direkt an, sondern schwingt sich sozusagen ein. Dies resultiert in einer erhöhten Objektivaktivität.

- Der PDAF fokussiert auf Kanten und reagiert besonders gut auf vertikale Linien (bzw. horizontale Linien, wenn Sie die Kamera hochkant halten). Im Gegensatz zum CDAF kann der PDAF die Entfernung zum Objekt direkt ermitteln und das Objektiv somit ohne Umweg auf die richtige Entfernung fahren.

- Beide Verfahren sind lichtabhängig: Sie funktionieren umso besser, je heller und kontrastreicher eine Szene ist. Somit bringt auch die Verwendung lichtstarker Objektive Vorteile mit sich, da die AF-Messung unter ungünstigen Verhältnissen bei Offenblende erfolgen und folglich mehr Licht auf den Sensor fallen kann. Außerdem arbeitet der CDAF bei großen Blenden und entsprechend geringerer Schärfentiefe genauer. Nicht nur die äußeren Lichtverhältnisse sind also wichtig, sondern auch, wie viel von diesem äußeren Licht das Objektiv letztlich zum Sensor durchlässt. Hierbei ist auch zu berücksichtigen, dass Objektive zum Rand hin grundsätzlich etwas dunkler werden (vignettieren), was dazu führt, dass der CDAF an den Bildrändern bei schlechtem Licht nicht so effektiv arbeitet wie im Zentrum. Der PDAF wiederum steht nur bei den mittleren AF-Feldern zur Verfügung, während der CDAF sämtliche AF-Felder Ihrer Kamera abdeckt.

AF-S oder AF-C? — TIPP 63

Ihre X-T2 besitzt zwei grundlegende AF-Modi, die Sie an der Kameravorderseite auswählen können:

- **Mit AF-S (Einzelautofokus) fokussieren Sie auf statische Objekte,** die sich nicht bewegen. Sobald Sie den Auslöser halb durchdrücken, fokussiert die Kamera auf das Objekt innerhalb des aktiven Autofokusfelds und speichert diese Entfernung so lange, wie Sie den Auslöser halb durchgedrückt halten. Sie können dann entweder den Auslöser vollständig durchdrücken und eine Aufnahme mit dieser Entfernungseinstellung machen oder den Finger vom Auslöser nehmen und es erneut versuchen.

- **Mit AF-C (kontinuierlicher Autofokus) fokussieren Sie auf sich bewegende Objekte,** insbesondere solche, die sich auf die Kamera zu- oder von ihr wegbewegen, ihre Entfernung zur Kamera also kontinuierlich ändern. Sobald Sie den Auslöser halb durchdrücken, fokussiert die Kamera auf das Objekt innerhalb des aktiven Autofokusfelds und justiert die Entfernung zu dem sich bewegenden Objekt kontinuierlich nach. Das Live-View-Bild vermittelt dabei gerne den Eindruck, dass die Kamera andauernd auf der Suche ist, was Sie auch daran erkennen, dass der grüne AF-Bestätigungspunkt im linken unteren Eck des Live-View-Bildes unregelmäßig aufleuchtet. Dies ist jedoch in der Regel kein Problem, da die Kamera im Augenblick der Aufnahme (Auslöser ganz durchgedrückt) eine sehr gute Trefferquote erzielt. Bitte beachten Sie, dass eine effektive Objektverfolgung nur möglich ist, solange sich der zu verfolgende Motivbereich innerhalb des von Ihnen ausgewählten AF-Felds bzw. innerhalb der konfigurierten AF-Zone befindet. Beachten Sie außerdem, dass ein schneller prädiktiver Autofokus – also die Vorhersage der Objektentfernung im Augenblick der nächsten Auslösung – als PDAF-Funktion nur mit einem der zentralen AF-Felder möglich ist. Die Prädiktion ist vor allem bei Objekten wichtig, die sich schnell auf die Kamera zu- oder von ihr wegbewegen. Jede Kamera weist zwischen dem Durchdrücken des Auslösers und dem tatsächlichen Erstellen der Aufnahme eine technisch bedingte Zeitverzögerung auf, die der prädiktive Autofokus einkalkulieren kann.

Die Kamera stellt also gar nicht auf das Objekt selbst scharf, sondern vielmehr auf die Entfernung, in der sich das Objekt in dem Moment befinden wird, wenn der Sensor das Bild nach dem Drücken des Auslösers (und der darauffolgenden Zeitverzögerung) tatsächlich aufzeichnet. Die Kamera blickt quasi in die Zukunft und stellt dem bewegten Objekt eine Fokusfalle. Prädiktion ist mit geringerer Leistung allerdings auch mit dem CDAF (und somit allen Autofokusfeldern) möglich.

- Während AF-C in der Regel mit der eingestellten Arbeitsblende fokussiert, kann AF-S die Blende zum Fokussieren bei Bedarf auch weiter öffnen und damit mehr Licht auf den Sensor lassen. Dadurch erhöht sich bei schlechten Lichtverhältnissen die AF-Leistung, gleichzeitig steigt durch die geringere Schärfentiefe der geöffneten Blende die Fokussiergenauigkeit.

TIPP 64 AF-Modi: EINZELPUNKT, ZONE oder WEIT/VERFOLGUNG?

Unter AF/MF-EINSTELLUNG > AF MODUS (oder alternativ auch im Quick-Menü) haben Sie die Wahl zwischen den AF-Modi EINZELPUNKT, ZONE und WEIT/VERFOLGUNG:

- Die Option EINZELPUNKT ist die von mir empfohlene Einstellung für die meisten Aufnahmesituationen. Hier wählen Sie selbst das passende AF-Feld aus. Dabei sollten Sie nach Möglichkeit nicht nur mit dem zentralen Feld und der von früher bekannten »Fokussieren und Verschwenken«-Methode vorgehen, sondern vielmehr zuerst den gewünschten Bildausschnitt der Aufnahme bestimmen und anschließend ein Autofokusfeld auswählen, das sich über dem Bereich befindet, auf den Sie scharfstellen möchten. Auf diese Weise vermeiden Sie Fokusfehler, die sich beim nachträglichen Verschwenken der Fokusebene unweigerlich einschleichen würden. Solche Fokusfehler sind vor allem bei kurzen Brennweiten, weit geöffneter Blende und einem geringen Aufnahmeabstand relevant. Bei längeren Brennweiten, abgeblendeten Objektiven und größeren Motivabständen kann man sie hingegen meist vernachlässigen. Einige »Spezialisten« lösen das Dilemma anders, nämlich indem sie sich beim Verschwenken leicht zurücklehnen, um den Abstandsfehler so nach Bauchgefühl zu kompensieren. Ich will Ihnen hier nicht vorschreiben, wie Sie fotografieren sollen, möchte aber im Sinne bestmöglicher Ergebnisse empfehlen, methodisch und technisch so korrekt wie möglich vorzugehen, indem Sie nach dem Fokussieren nicht verschwenken, sondern das AF-Feld vielmehr im gewählten Bildausschnitt über dem Bereich positionieren, auf den die Kamera scharfstellen soll. Der AF-Modus EINZELPUNKT kann zusammen mit AF-S (Einzelautofokus) und AF-C (kontinuierlicher Autofokus) verwendet werden.

Abbildung 36: Bei **Aufnahmen mit geringer Schärfentiefe** führt nachträgliches Verschwenken oft zu unscharfen Ergebnissen. Legen Sie den Bildausschnitt stattdessen vorher fest und verschieben Sie das aktive AF-Feld anschließend im Modus EINZELPUNKT möglichst genau an die Stelle, auf die Ihre X-T2 scharfstellen soll.

- Sie können sich den Modus ZONE als Erweiterung des EINZELPUNKT-Modus vorstellen. Eine Zone ist quasi ein besonders großes Autofokusfeld, das sich aus mehreren kleineren AF-Punkten zusammensetzt. Zonen sind in drei Größen verfügbar, die entweder 3 × 3, 5 × 5 oder 7 × 7 aus jeweils insgesamt 91 verfügbaren AF-Punkten abdecken. Zonen können wie einzelne AF-Felder innerhalb des Bildfelds bewegt werden. Ihre Größe erleichtert außerdem das Zielen auf sich bewegende Objekte. Im Modus ZONE fokussiert die Kamera dabei zunächst auf das mit einem Fadenkreuz markierte Zentrum der gewählten Zone und erweitert die Suche dann bei Bedarf bis zum Zonenrand – so lange, bis ein Ziel gefunden wurde. Auch der Modus ZONE kann wahlweise in Kombination mit AF-S (für stationäre Motive) oder mit AF-C (für sich bewegende Motive) verwendet werden.

- Mit der Option WEIT/VERFOLGUNG in Kombination mit AF-S wählt die Kamera automatisch bis zu neun von insgesamt 91 verfügbaren AF-Feldern aus dem gesamten Bildfeld aus, die sie für geeignet hält. Dabei handelt es sich keineswegs immer um den Bereich, auf den der Fotograf scharfstellen möchte. Vielmehr erhalten Sie ein mehr oder weniger zufälliges Ergebnis, das darauf basiert, dass die Kamera das Bildfeld analysiert und anschließend geeignete AF-Felder über einem besonders kontrastreichen Bereich auswählt. Für die meisten ernsthaften Anwendungen kommt WEIT/VERFOLGUNG in Kombination mit AF-S somit nicht infrage. Das ändert sich, sobald man WEIT/VERFOLGUNG mit dem kontinuierlichen Autofokus AF-C kombiniert: Diese Kombination bietet nämlich echtes »3D-Tracking«, also das automatische Verfolgen von Objekten, die sich nicht nur auf die Kamera zu oder von ihr wegbewegen, sondern auch von Bewegungen nach links/rechts oder oben/unten innerhalb des gesamten Bildfeldes. Damit das funktioniert, stellen Sie die Kamera auf AF-C und WEIT/VERFOLGUNG ein und wählen dann einen der 91 verfügbaren AF-Punkte aus. Um mit der Objektverfolgung zu beginnen, muss der ausgewählte AF-Punkt das zu verfolgende Objekt in dem Moment abdecken, wenn Sie den Auslöser halb durchdrücken. Solange Sie den Auslöser nun halb gedrückt halten, wird die Kamera das ausgewählte Objekt mit einem Schwarm von AF-Feldern verfolgen, während es sich im Bildfeld bewegt.

Bitte beachten Sie, dass Fujifilm eine *AF Special Website* [39] im Internet veröffentlicht hat, die die neuen Autofokusmodi und Kombinationsmöglichkeiten der X-T2 beschreibt.

Darüber hinaus habe ich in meinem »X-Pert Corner«-Blog einen englischsprachigen Artikel veröffentlicht [40], der die neuen AF-Funktionen beschreibt, inkl. Links zu einigen Videos mit Beispielen für die Modi EINZELPUNKT, ZONE und WEIT/VERFOLGUNG.

Zwei Methoden zur **Auswahl eines Autofokusfelds oder einer AF-Zone**	TIPP 65

Die X-T2 stellt zwei Methoden bereit, um im Modus EINZELPUNKT eines der 91 bzw. 325 verfügbaren AF-Felder auszuwählen oder eine ZONE zu verschieben: eine indirekte und eine direkte.

- Bei der *indirekten* Methode drücken Sie *zuerst* die als AF-Taste definierte Fn-Taste, um *dann* mithilfe der Richtungstasten das gewünschte AF-Feld auszuwählen oder eine Zone zu verschieben. Da die X-T2 über keine fest vorgegebene AF-Taste verfügt, müssen Sie diese Funktion einer der Fn-Tasten zuweisen. Halten Sie dazu die gewünschte Fn-Taste einfach so lange gedrückt, bis das Fn-Konfigurationsmenü erscheint, und wählen Sie dort FOKUSSIERBEREICH.

- Bei der *direkten* Methode verschieben Sie das Fokusfeld oder die Fokuszone mithilfe des Fokus-Sticks direkt in acht Richtungen. Wenn Sie den Fokus-Stick drücken, hat dies außerdem dieselbe Wirkung wie das Drücken der AF-Taste. Damit das Ganze wie beschrieben funktioniert, muss die FOKUSHEBEL-EINSTELLUNG auf AN stehen. Um in das entsprechende Konfigurationsmenü zu gelangen, drücken und halten Sie den Fokus-Stick so lange, bis das Menü erscheint.

Auswahl der passenden **AF-Feldgröße und AF-Zonengröße**	TIPP 66

Der Autofokus der X-T2 stellt Ihnen im Einzelpunkt-Modus fünf verschiedene AF-Feldgrößen zur Auswahl. Standardmäßig ist die mittlere Feldgröße eingestellt, Sie können das AF-Feld also um jeweils zwei Stufen verkleinern oder vergrößern, indem Sie nach dem Drücken der AF-Taste oder des Fokus-Sticks an einem der beiden Einstellräder drehen.

Die AF-Feldgröße beeinflusst die Effektivität von PDAF und CDAF in gleicher Weise, ist also für alle 91 (bzw. 325) AF-Felder relevant. Es gilt die folgende Grundregel:

Machen Sie das AF-Feld so groß wie möglich und so klein wie nötig.

Warum? Die AF-Feldgröße wirkt sich auf die AF-Leistung Ihrer Kamera folgendermaßen aus:

- Mit zunehmender Feldgröße steigt die Chance, dass die Kamera bei schlechten Licht- und Kontrastverhältnissen ein Ziel findet und erfolgreich fokussiert.

- Mit zunehmender Feldgröße steigt außerdem die Chance, dass die Kamera mit ihren zentralen AF-Feldern den schnellen PDAF verwenden kann und nicht zum langsameren CDAF greifen muss.

- Mit abnehmender Feldgröße steigt die Autofokus-Zielgenauigkeit. Mit einem kleinen Feld können Sie präziser steuern, auf welchen Teil Ihres Motivs scharfgestellt werden soll. Vermeiden Sie in jedem Fall Feldgrößen, die größer sind als der zu fokussierende Motivbereich.

Daraus folgt: Um möglichst präzise zu fokussieren, bevorzugen wir kleine AF-Felder. Um andererseits möglichst schnell und sicher zu fokussieren, bevorzugen wir ein großes AF-Feld. Deshalb stellen wir das AF-Feld so klein wie nötig und so groß wie möglich ein, um eine Fehlfokussierung auszuschließen.

Abbildung 37: Um punktgenau zu fokussieren, ist die **Auswahl eines kleinen AF-Felds** Pflicht.

Analog hierzu können Sie auch die Größe von AF-Zonen ändern, indem Sie die AF-Taste oder den AF-Stick drücken und das Einstellrad anschließend nach links oder rechts drehen, um die Zonengröße zu variieren. Sie haben die Auswahl zwischen Zonen, die 3 × 3 (Standardgröße), 5 × 5 oder 7 × 7 aus insgesamt 91 AF-Punkten umfassen.

Da wir uns AF-Zonen als besonders große AF-Felder vorstellen können, gelten für sie auch dieselben Regeln: Größere Zonen sind bequemer und fokussieren potenziell schneller, arbeiten dabei jedoch gegebenenfalls unpräziser.

Bitte denken Sie daran, dass der schnellere PDAF nur dann verfügbar ist, wenn die ausgewählte Zone nicht über die mittlere 7 × 7-AF-Punktematrix hinausgeht. Sobald eine Zone ein AF-Feld ohne PDAF-Unterstützung umfasst, schaltet der Autofokus der Kamera auf den langsameren CDAF um.

Wie können wir erkennen, welche AF-Punkte den PDAF unterstützen und welche nur den CDAF? Das ist zum Glück ganz einfach: Die mittleren (49 bzw. 169) AF-Punkte, die den PDAF unterstützen, sind mit größeren

Quadraten markiert als die restlichen, sie umgebenden Punkte, die nur den CDAF unterstützen.

TIPP 67	**Manueller Fokus** und Schärfentiefe-Zonenfokussierung

Manchmal möchten Sie das Scharfstellen selbst übernehmen, etwa um …

- eine Fokusfalle zu stellen oder
- hyperfokale Distanzen einzustellen.

Stellen Sie den Fokuswahlschalter an der Kameravorderseite auf »M«, um den manuellen Fokus (MF) einzuschalten. Die Kamera stellt Ihnen nun verschiedene Fokushilfen zur Verfügung, die Sie größtenteils auch miteinander kombinieren können:

- eine Sucherlupe mit zwei Vergrößerungsstufen,
- zwei Fokusassistenten: Focus Peaking in zwei Stufen mit den Farboptionen Weiß, Rot und Blau sowie ein digitales Schnittbild,
- eine Entfernungsanzeige mit einer Schärfentiefe-Skala, die zwei Darstellungsmodi anbietet: PIXAL-BASIS und FILMFORMAT-BASIS,
- Instant-AF (Autofokus im MF-Modus durch Drücken der AF-L-Taste).

Die digitale Entfernungsanzeige kann Ihnen zusammen mit der digitalen Schärfentiefe-Skala helfen, eine Schärfezone zu definieren. Objekte innerhalb dieses Entfernungsbereichs werden (sofern in AF/MF-EINSTELLUNG > TIEFENSCHÄRFESKALA die Option PIXEL-BASIS ausgewählt wurde) auch noch in der 100 %-Ansicht scharf dargestellt. Bitte verwechseln Sie die manuell eingestellte Schärfentiefe-Zone nicht mit dem Autofokusmodus ZONE. Es handelt sich hier trotz der ähnlich klingenden Begriffe um zwei ganz verschiedene Dinge.

Hier ein Beispiel für die Zonenfokussierung: Sie verwenden ein 18-mm-Weitwinkelobjektiv, stellen die Entfernung auf fünf Meter ein und blenden das Objektiv dann so weit ab (ca. Blende 6,4), dass die Schärfentiefe-Skala einen Bereich von vier bis neun Metern abdeckt. Alles, was sich innerhalb dieses Entfernungsbereichs (der »Zone«) abspielt, wird im Bildergebnis ungefähr gleich scharf erscheinen. Sie müssen nur noch sicherstellen, dass sich Ihr Motiv in dieser Entfernungszone aufhält, und im richtigen Moment den Auslöser betätigen.

Ein Sonderfall der Zonenfokussierung ist die Einstellung der hyperfokalen Distanz [41]. Dies ist die Entfernung, die Sie bei einer bestimmten vorgewählten Blende einstellen müssen, damit sich die Schärfentiefe gerade noch bis ins Unendliche ausdehnt. Auch hier kann Ihnen die Schärfentiefe-Skala Ihrer Kamera wertvolle Dienste leisten: So liegt die hyperfokale Distanz eines 18-mm-Objektivs bei Blende 11 an der X-T2 bei etwa neun Metern. Mit einer manuellen Einstellung auf neun Meter erhalten Sie also die für Blende 11 größtmögliche Schärfentiefe von etwa vier Metern bis unendlich.

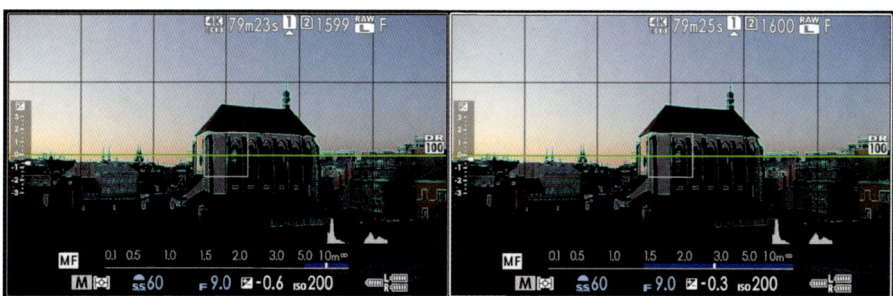

Abbildung 38: Einstellen der **hyperfokalen Distanz** mithilfe der elektronischen Schärfentiefe-Skala: Anstatt direkt auf eine bestimmte Entfernung zu fokussieren, wird der Schärfentiefe-Balken so eingestellt, dass er rechts gerade an ∞ anstößt. Auf diese Weise ergibt sich die hyperfokale Distanz mit der für die jeweils eingestellte Blende größtmöglichen Schärfentiefe. Die Abbildung zeigt die hyperfokale Distanz für ein Weitwinkelobjektiv bei Blende 9, jeweils mit den Einstellungen PIXEL-BASIS (links) und FILMFORMAT-BASIS (rechts).

Bitte beachten Sie, dass Schärfentiefe keine feste Größe ist. Zum einen ändert sie sich schleichend, es gibt also keinen harten Übergang zwischen scharfen und unscharfen Bereichen. Zum anderen ist die Schärfentiefe abhängig vom sogenannten Zerstreuungskreis [42], auf dessen Grundlage sie berechnet wird. Fuji verwendet für die elektronische Schärfentiefe-Skala im Modus PIXEL-BASIS einen sehr konservativen Zerstreuungskreis, basierend auf dem Auflösungsvermögen des Sensors. Die elektronische Schärfentiefe-Skala zeigt also eine Zone an, innerhalb derer die Schärfe so groß ist wie das Auflösungsvermögen des Sensors, sodass man auch bei einer 100 %-Ansicht der Aufnahme innerhalb dieser Schärfentiefe-Zone keinen Schärfeabfall feststellen wird.

Damit schießt Fuji freilich für viele praktische Anwendungen über das Ziel hinaus, weil Aufnahmen in der Regel nicht in der 100 %-Ansicht betrachtet, sondern verkleinert angezeigt werden. Auch der Betrachtungsabstand spielt hier selbstverständlich eine Rolle. In der Regel ist dieser Abstand so groß, dass das menschliche Auge keine einzelnen Pixel mehr erkennen kann. Nicht jeder ist ein »Pixel-Peeper«.

Aus diesem Grund basiert die eingravierte Schärfentiefe-Skala auf Objektiven wie dem XF14mmF2.8, XF16mmF1.4 oder dem XF23mmF1.4 auch auf einem größeren »praxisnäheren« Zerstreuungskreis (der FILMFORMAT-BASIS) und ist um mehrere Blendenstufen weniger konservativ als die pixelbasierte elektronische Anzeige. Sie können diese weniger konservative Anzeige auch mit allen anderen Objektiven verwenden, indem Sie die elektronische Schärfentiefe mit AF/MF-EINSTELLUNG > TIEFENSCHÄRFESKALA auf FILMFORMAT-BASIS umstellen.

TIPP 68	**Fokusassistenten:** Focus Peaking und digitales Schnittbild

Die X-T2 verfügt über zwei Fokusassistenten, die das Scharfstellen im MF-Modus erleichtern können:

- **Focus Peaking** hebt die Kantenkontraste in den scharf abgebildeten Bereichen an. Diese Methode ist besonders bei lichtstarken Objektiven hilfreich.

- **Digitales Schnittbild** simuliert mithilfe der PDAF-Pixel der Kamera den Schnittbildindikator analoger MF-Kameras und eignet sich deshalb besonders für Motive mit vertikalen Linien (bzw. horizontalen Linien, wenn Sie die Kamera hochkant halten). Der bei aktiviertem digitalem Schnittbild im Sucher dargestellte Schnittbildbereich entspricht dem Sensorbereich, der im AF-Modus für den schnellen PDAF nutzbar ist.

Um rasch und ohne Abtauchen ins Kameramenü zwischen der Standarddarstellung und den beiden Assistenzmodi zu wechseln, halten Sie das hintere Einstellrad im MF-Modus jeweils einige Sekunden lang gedrückt.

Ein kurzes Video, das die Fokushilfen in Aktion demonstriert, können Sie sich auf YouTube [43] ansehen.

Verwenden Sie die **Sucherlupe!**	TIPP 69

Die Sucherlupe hilft Ihnen im AF-S/EINZELPUNKT-Modus sowie im MF-Modus beim punktgenauen Fokussieren. Drücken Sie hierzu das hintere Einstellrad. Sie können anschließend am hinteren Einstellrad drehen, um eine der beiden verfügbaren Vergrößerungsstufen auszuwählen.

Sie können die Sucherlupe mit den Fokusassistenten »Focus Peaking« und »digitales Schnittbild« kombinieren, wobei für das digitale Schnittbild nur eine Vergrößerungsstufe zur Verfügung steht.

Ist AF/MF-EINSTELLUNG > FOKUSKONTROLLE > AN ausgewählt, wird die Sucherlupe im MF-Modus automatisch aktiviert, sobald Sie am Fokusring des Objektivs drehen. Sie können die vergrößerte Darstellung jederzeit wieder durch Antippen des Auslösers deaktivieren.

Wie im Einzelpunkt-AF-Modus stehen Ihnen auch im MF-Modus 91 bzw. 325 Auswahlfelder zur Verfügung – drücken Sie hierzu wie gewohnt die AF-Taste oder den Fokus-Stick und wählen den gewünschten Ausschnitt mit den Richtungstasten oder dem Stick aus.

Instant-AF (Sofort-AF)	TIPP 70

Mit Instant-AF (manchmal auch Sofort-AF genannt) können Sie auch im MF-Modus automatisch fokussieren. Drücken Sie dazu einfach die AF-L-Taste. Die Kamera fokussiert nun mit Offenblende auf das jeweils ausgewählte Fokusfeld, dessen Größe wie üblich eine Rolle spielt.

Instant-AF arbeitet besonders präzise, ist allerdings auch etwas langsamer als der »normale« Autofokus. Da es sich jedoch um eine Fokushilfe für das manuelle Scharfstellen handelt, ist das nicht weiter von Bedeutung.

Instant-AF ist insofern ausgesprochen nützlich, als man ihn hervorragend mit der konventionellen manuellen Fokussierung kombinieren kann: Mit einem kurzen Druck der AF-L-Taste fokussiert die Kamera auf das mit dem aktiven Fokusfeld anvisierte Objekt. Anschließend können Sie mit dem Fokusring und den bekannten Fokushilfen (Sucherlupe, Focus Peaking, digitales Schnittbild) die Scharfeinstellung feinjustieren. Bitte beachten Sie, dass diese Kombimethode bei Objektiven mit MF-Schieber (wie XF14mmF2.8, XF16mmF1.4 oder XF23mmF1.4) nicht verfügbar ist.

Normalerweise setzt man Instant-AF in Kombination mit AF-S ein. Sie können Instant-AF jedoch auch als AF-C verwenden, indem Sie AF/MF-EINSTELLUNG. > EINST. SOFORT-AF > AF-C auswählen. Mit dieser Einstellung fokussiert die Kamera im MF-Modus so lange auf ein sich bewegendes Objekt unter dem gerade aktiven Fokusfeld, wie Sie die AF-L-Taste gedrückt halten. Da Instant-AF-C im Gegensatz zum normalen AF-C mit der Offenblende des Objektivs anstatt der eingestellten Arbeitsblende fokussiert, eignet sich diese Methode gut für sich bewegende Motive bei schwachem Licht, etwa bei der Konzert- oder Bühnenfotografie: Halten Sie dabei die AF-L-Taste zum kontinuierlichen Fokussieren gedrückt, während Sie im richtigen Moment den Auslöser betätigen.

TIPP 71	Arbeiten mit **AF+MF**

Mit AF+MF können Sie wie gewohnt automatisch fokussieren, den Fokus anschließend jedoch sofort manuell anpassen und nachjustieren, indem Sie am Fokusring des Objektivs drehen, während Sie den Auslöser halb durchgedrückt halten. Wählen Sie AF/MF-EINSTELLUNG > AF+MF > AN, um die Funktion nutzen zu können. AF+MF steht an der X-T2 ausschließlich im AF-S-Modus zur Verfügung.

So geht's:

- Fokussieren Sie wie gewohnt mit AF-S, indem Sie den Auslöser halb durchdrücken.

- Sobald der Autofokus ein Ziel gefunden (grüne Bestätigung) oder nicht gefunden (rote AF-Warnung) hat, können Sie den Fokus *manuell* einstellen oder nachjustieren, indem Sie am Fokusring des Objektivs drehen, während Sie den Auslöser weiterhin halb durchgedrückt halten. Dabei steht Ihnen (wenn eingeschaltet) auch Focus Peaking zur Verfügung. Sie können außerdem die automatische Sucherlupe benutzen (AF/MF-EINSTELLUNG > FOKUSKONTROLLE > AN), die jedoch nur zur Verfügung steht, wenn AF-S zusammen mit dem Modus EINZELPUNKT verwendet wird. Dabei können Sie die Vergrößerung wie gewohnt zweistufig ändern, indem Sie am hinteren Einstellrad drehen. Um die Lupe manuell ein- und auszuschalten, drücken Sie das hintere Einstellrad. Dies wohlgemerkt alles, während Sie den Auslöser halb durchgedrückt halten – was unter Umständen etwas motorisches Geschick erfordert.

- Wenn Sie mit Ihrer manuellen Fokuseinstellung zufrieden sind, können Sie den Auslöser ganz durchdrücken und die Aufnahme machen.

AF+MF hat drei wesentliche Einsatzbereiche:

- **Manuelles Fokussieren in Situationen, bei denen der Autofokus versagt:** Anstatt mit einem Wechsel von AF-S zu MF Zeit zu verlieren, können Sie ohne Umschweife manuell nachregeln, wenn der Autofokus in einer Situation sein Ziel verfehlt.

- **Nachjustieren der Autofokuseinstellung:** In manchen Situationen kann es notwendig werden, den Autofokus manuell nachzujustieren.

- **Verschieben der Schärfentiefe-Zone oder Einstellen der hyperfokalen Distanz:** Mit AF+MF können Sie die Schärfentiefe-Zone schnell nach vorne oder hinten verschieben, wobei Ihnen die digitale Entfernungs- und Schärfentiefe-Anzeige gute Dienste leistet. Auf diese Weise können Sie zum Beispiel auch rasch die hyperfokale Distanz einstellen, indem Sie das rechte Ende des blauen Schärfentiefe-Balkens mit dem Fokusring so weit verschieben, dass es die Markierung für unendlich berührt.

Abbildung 39: In diesem Beispiel mit Blende 16 lag der Autofokus zunächst auf dem Brunnen. Da uns der vor dem Brunnen liegende Bereich der Schärfentiefe-Zone jedoch nicht interessierte, habe ich die Zone mit **AF+MF** so weit nach hinten verschoben, dass sie erst beim Brunnen beginnt und sich von dort nach hinten ausdehnt.

Auf den ersten Blick mag die MF-Komponente von AF+MF so aussehen wie eine reguläre manuelle Fokussierung, doch dieser Eindruck täuscht. Der »echte« manuelle Fokus arbeitet schließlich stets mit Offenblende, während die manuelle Nachjustierung bei AF+MF stets mit der gewählten Arbeitsblende erfolgt.

Aus diesem Grund zeigt auch der EVF/LCD-Bildschirm ein Live-View-Bild mit der endgültigen Schärfentiefe der Aufnahme an, was wiederum bedeutet, dass Focus Peaking bei stärker abgeblendeten Objektiven einen größeren Bereich der Szene als »scharf« markiert. Dies wiederum kann ein punktgenaues manuelles Scharfstellen erschweren.

AF+MF funktioniert auch bei Objektiven mit verschiebbaren Fokusringen wie dem XF14mm, XF16mm oder XF23mm. Der Kupplungsmechanismus dieser Objektive erlaubt ein mechanisches Umschalten zwischen AF und MF. AF+MF ist bei diesen Objektiven deshalb nur in der folgenden Konfiguration verfügbar:

- Schalten Sie AF+MF im Autofokusmenü der Kamera ein.

- Wählen Sie AF-S mit Fokuswahlhebel der Kamera, während Sie das Objektiv auf MF stellen, indem Sie den Fokusring in Richtung der Kamera ziehen.

- Verwenden Sie AF+MF wie oben beschrieben.

Abschließend noch ein paar Tipps zum Arbeiten mit AF+MF und Objektiven mit mechanischer MF-Kupplung:

- Stellen Sie sicher, dass der Fokusring des Objektivs genug Spiel nach links und rechts hat, um die notwendigen manuellen Fokusveränderungen durchführen zu können.

- Die ins Objektiv gravierten Entfernungs- und Schärfentiefe-Angaben haben bei AF+MF keine Bedeutung. Verwenden Sie stattdessen die digitale Entfernungs- und Schärfentiefe-Skala auf dem Kamerabildschirm (entweder PIXEL-BASIS oder FILMFORMAT-BASIS).

- Wenn AF+MF eingeschaltet ist, können Objektive mit manueller Fokuskupplung nur dann im »echten« MF-Modus verwendet werden, wenn der MF-Modus sowohl an der Kamera als auch am Objektiv gleichzeitig eingestellt wurde.

Pre-AF – ein Relikt aus der Vergangenheit	TIPP 72

Mit Pre-AF machen Sie die AF-C-Funktionalität älterer Fujifilm-Kameras wie der X-Pro1 (= Modelle ohne PDAF und Objektverfolgung) auch in der X-T2 verfügbar. Dabei fokussiert die eingeschaltete Kamera fortwährend auf das unter dem aktiven Autofokusfeld befindliche Motiv – also auch dann, wenn Sie den Auslöser noch *nicht* halb durchdrücken.

Pre-AF verbraucht viel Energie (der Objektivmotor ist ständig in Betrieb), kann bei eher langsamen Objektiven (wie dem XF60mmF2.4) jedoch für kürzere Verstellwege und damit für eine schnellere AF-Reaktionszeit sorgen. Gerade wenn Sie Action fotografieren und es auf jeden Sekundenbruchteil ankommt, kann Pre-AF also Zeit sparen und einen Vorteil bieten.

Normalerweise schalte ich diese Option (AF/MF-EINSTELLUNG > PRE-AF) jedoch auf AUS.

> **TIPP 73** Fokussieren und Belichten mit der automatischen **Gesichts- und Augenerkennung**

Die Gesichtserkennung in der X-T2 ist sowohl ein Autofokus- als auch ein eigener Modus für die Belichtungsmessung. Sogar der automatische Weißabgleich wird angepasst. Die Gesichtserkennung (AF/MF-EINSTELLUNG > GES./AUGEN-ERKENN.-EINST.) erfüllt somit folgende Aufgaben:

- Die Kamera erkennt ein oder mehrere im Motiv verteilte Gesichter, wählt automatisch eines dieser Gesichter aus und stellt den Fokus schließlich – sobald Sie den Auslöser halb durchdrücken, bei aktiviertem Pre-AF auch schon vorher – auf das ausgewählte Gesicht ein. Bei mehreren erkannten Gesichtern wählt die X-T2 dabei bevorzugt jenes mit einem grünen Rahmen aus, das der Bildmitte am nächsten liegt. Die anderen erkannten Gesichter werden mit einem weißen Rahmen markiert.

- Die Kamera arbeitet bei aktiver Gesichtserkennung mit einer speziellen Variante der gewichteten Mehrfeldbelichtungsmessung, die auf das ausgewählte Gesicht belichtet, sodass die Hauttöne eine attraktive Helligkeit erhalten. Darüber hinaus kann die Gesichtserkennung auch den automatischen Weißabgleich beeinflussen, um die Hauttöne zu optimieren.

Sie sehen: Die Gesichtserkennung ist Segen und Fluch zugleich. Einerseits ist sie ein Segen, weil sie im Erfolgsfall sauber auf das richtige Gesicht scharfstellt und es dabei auch noch korrekt belichtet. Andererseits ein Fluch, weil bei einem *nicht* erkannten Gesicht nicht nur der Fokus manchmal in die Hose geht; auch die Belichtung kann sich unerwartet ändern.

Die gute Nachricht: Meistens funktioniert die Gesichtserkennung ausgezeichnet und erkennt sogar Personen, die der Kamera nur ihr Profil zeigen. Die schlechte Nachricht: Manchmal lässt sie sich verwirren (etwa von tiefsitzenden Brillen).

- Wenn Sie vermeiden möchten, dass eine erfolgreiche bzw. nicht erfolgreiche Gesichtserkennung die Belichtung unerwartet beeinflusst, fotografieren Sie bei aktiver Gesichtserkennung am besten im manuellen Belichtungsmodus M. Alternativ können Sie die Belichtung auch mit der AE-L-Taste messen und fixieren, sodass die Belichtungsmessung der Gesichtserkennung keinen Einfluss hat, solange AE-L aktiv ist. Sie können diese fixierte Belichtung trotzdem mit dem Belichtungskorrekturrad anpassen.

- Bei aktivierter Gesichtserkennung verwendet die Kamera das komplette Sensorfeld, sodass PDAF und dessen optimierte Prädiktion nicht zur Verfügung stehen. Das AF-C-Tracking arbeitet in Kombination mit der Gesichtserkennung also nur mit halber Kraft. Für sich schnell auf die Kamera zubewegende Personen (etwa einen Sportler oder ein rennendes Kind) ist die Gesichtserkennung folglich nicht die erste Wahl. Verwenden Sie hier lieber den herkömmlichen AF-C-Modus mit einem der zentralen PDAF-Felder oder eine passende AF-Zone.

- Spotmessung, mittenbetonte Messung und Integralmessung stehen bei aktivierter Gesichtserkennung nicht mehr zur Verfügung. Die Kamera schaltet vielmehr automatisch auf eine besondere Variante der Mehrfeldmessung um.

- Findet die Gesichtserkennung kein Gesicht im Bild, so schaltet die Kamera automatisch in den regulären AF-Modus zurück: EINZELPUNKT, ZONE oder WEIT/VERFOLGUNG. Auch die Belichtungsmessung entspricht in diesem Fall dann wieder der regulären Mehrfeldmessung.

- AF-Lock steht bei eingeschalteter Gesichtserkennung nicht zur Verfügung.

- Die Gesichtserkennung kann auch über das Quick-Menü oder eine entsprechend belegte Funktionstaste (Fn) ein- und ausgeschaltet werden. Ich selbst habe bei meiner Kamera die untere Richtungstaste des Steuerkreuzes mit dieser Funktion belegt.

Abbildung 40: Die **Gesichtserkennung** eignet sich besonders gut für statische Motive mit einer oder mehreren Personen, die ihr Gesicht der Kamera zuwenden. Bewegen sich die Personen hingegen schnell auf die Kamera zu, sollten Sie besser auf den Tracking-Autofokus (AF-C) ohne Gesichtserkennung zurückgreifen und eins der zentralen AF-Felder bzw. eine geeignete AF-Zone verwenden.

Die X-T2 verbessert die Gesichtserkennung mit einer zuschaltbaren Augenerkennung, die nur im AF-S-Modus verfügbar ist. Um sie einzuschalten, wählen Sie im Menü für die Gesichtserkennung, ob die Kamera das linke oder rechte Auge des Motivs priorisieren soll. Ich persönlich überlasse dies gerne der Kamera und wähle hier deshalb die Einstellung GESICHT EIN/AUGE AUTO, mit der die Gesichtserkennung automatisch auf das der Kamera zugewandte Auge fokussiert. Wählen Sie GESICHT EIN/AUGE AUS, um die Augenerkennung im Rahmen der Gesichtserkennung auszuschalten.

Im Sucherbild wird ein erkanntes Auge durch ein zusätzliches kleines Kästchen markiert. Ich halte es für ratsam, die Augenerkennung immer eingeschaltet zu lassen. Bitte vergessen Sie nicht, dass sie nur im Modus AF-S funktioniert.

| Fotografieren mit **AF-Lock** | TIPP 74 |

AF-Lock speichert die aktuell eingestellte Fokusdistanz ab. Sie können über die Kamerakonfiguration im Einstellungsmenü (EINRICHTUNG > TASTEN/ RAD-EINSTELLUNG > AE/AF LOCK MODUS) festlegen, ob AF-Lock so lange wirken soll, wie Sie die AF-L-Taste gedrückt halten (WENN GEDR), oder ob die Taste als Umschalter für die Funktion fungieren soll (EIN/AUS), was stets meine eigene Einstellung ist.

Wie dem auch sei: Ist AF-Lock aktiv, führt die Kamera beim halben oder vollständigen Drücken des Auslösers keine neue Schärfemessung durch, sondern fokussiert mit der zuvor gespeicherten Entfernung. Das ist beispielsweise dann praktisch, wenn Sie mehrere Aufnahmen eines statischen Motivs hintereinander machen, die perfekte Fokussierung jedoch nur einmal einstellen möchten. Mit AF-Lock entkoppeln Sie den Fokusvorgang von der Belichtungsmessung: Solange AF-Lock aktiv ist, führt die Kamera beim halben Durchdrücken des Auslösers nur noch die Belichtungsmessung durch. Selbstverständlich gilt das alles nur für die Normaleinstellung der Kamera, bei der BLENDE AF eingeschaltet ist.

Analog dazu können Sie mit **AE-Lock** die Belichtungsmessung separat durchführen, sodass der halb durchgedrückte Auslöser nur noch für die Fokussierung sorgt. Sie können AE-L und AF-L auch kombinieren – in diesem Fall sorgt das halbe Durchdrücken des Auslösers nur noch dafür, dass die Kamera die Arbeitsblende einstellt und sich für die Aufnahme bereit macht.

Der AF der X-T2 ist zwar sehr treffsicher, aber nicht perfekt: Wenn Sie mehrmals hintereinander ein und dasselbe Objekt anfokussieren, gibt es zwischen den dabei ermittelten Entfernungen oft kleine Unterschiede – und manchmal auch größere, insbesondere bei schwachem Licht, kontrastarmen Motiven und lichtschwachen Objektiven. Mit AF-Lock blenden Sie diese Fehlerquelle aus: Sie fokussieren einmal auf den Punkt genau, speichern die Entfernung mit der AF-L-Taste und machen alle Aufnahmen der Serie mit exakt derselben Fokuseinstellung.

| TIPP 75 | Fokussieren mit **AF-ON** (»back-button focusing«) |

AF-ON bringt eine beliebte DSLR-Funktion zur X-T2: das Fokussieren mit dem Daumen auf einer dafür vorgesehenen AF-ON-Taste. Einfach gesagt: AF-ON verlegt die AF-Funktion der Kamera vom halb durchgedrückten Auslöser auf eine Fn-Taste. Sobald Sie die Taste drücken, beginnt die Kamera zu fokussieren. Lassen Sie die Taste los, um den Autofokus an der aktuellen Position zu beenden.

AF-ON arbeitet also wie das halbe Durchdrücken des Auslösers: Im Modus AF-S führt AF-ON eine einzelne Fokussuche durch und erfasst dabei das Ziel. Im Modus AF-C sucht und verfolgt AF-ON das Ziel so lange, wie die Taste gedrückt gehalten wird.

Da die X-T2 über keine dezidierte AF-ON-Taste verfügt, muss die Funktion einer Fn-Taste zugewiesen werden. Dafür bietet sich naturgemäß die AF-L-Taste an. Drücken und halten Sie die DISP/BACK-Taste so lange, bis die Seite EINST. TASTE Fn/AE-L/AF-L erscheint. Scrollen Sie bis zum Eintrag AF-L hinunter und wählen Sie AF-ON aus der Liste der verfügbaren Funktionen aus.

Sie können AF-ON gedrückt halten, während Sie den Auslöser betätigen. AF-ON übernimmt dabei die jeweils eingestellte AF-Funktion (AF-S oder AF-C). Bei AF-S wird die Entfernung ermittelt und so lange nicht geändert, wie AF-ON gedrückt gehalten wird. Bei AF-C wird so lange kontinuierlich fokussiert, wie AF-ON gedrückt gehalten wird.

Einige DSLR-Freunde finden es praktisch, den Auslöser komplett vom Autofokus zu entkoppeln, indem sie EINRICHTUNG > TASTEN/RAD-EINSTELLUNG > BLENDE AF > AUS einstellen. Damit verbleibt AF-ON als die einzige Möglichkeit, um in den Modi AF-S und AF-C den Autofokus zu betätigen.

Im manuellen Fokusmodus (MF) mutiert AF-ON zum Sofort-AF – genau wie die reguläre AF-L-Taste.

| Fokussieren bei schwachem Licht | TIPP 76 |

Nachts sind alle Katzen grau. Im übertragenen Sinne gilt das auch für digitale Kameras: Bei schlechten Lichtverhältnissen schwinden die Kontraste, sodass es dem Autofokus der Kamera zunehmend schwerfällt, ein Ziel zu finden und präzise scharfzustellen.

Die Helligkeit, die auf den Sensor fällt, ist dabei nicht nur von den äußeren Bedingungen abhängig, sondern auch von der Lichtstärke des Objektivs: Ein XF56mmF1.2 ist satte 3,5 Blendenstufen oder Lichtwerte (EV) heller als ein XF18–55mmF2.8–4-Kit-Zoom in der 55-mm-Stellung. Anders gesagt: Mit dem XF56mmF1.2 sieht die Kamera (und mit ihr der Autofokus) die Welt um 3,5 Lichtwerte heller als mit dem auf eine vergleichbare Brennweite eingestellten Zoomobjektiv. Nun raten Sie mal, mit welchem dieser beiden Objektive der Autofokus unter schwierigen Bedingungen bessere Ergebnisse erzielt?

Lassen Sie sich nicht verwirren: Die Tatsache, dass das Sucherbild mit beiden Objektiven gleich hell erscheint, ist allein der elektronischen Verstärkung der Live-View-Anzeige geschuldet, mit der die Kamera solche Unterschiede ausgleicht.

Halten wir fest: Ein zuverlässiger Autofokus braucht Licht und Kontraste, weshalb es wichtig ist, gerade bei schlechten Lichtverhältnissen auf möglichst kontrastreiche Motivflächen zu zielen und dabei ein möglichst großes AF-Feld zu verwenden.

Eine Möglichkeit, vorhandene Lichtdefizite zu verringern, ist die Verwendung eines lichtstarken Objektivs wie dem XF56mmF1.2, dem XF35mmF1.4 oder dem XF23mmF1.4. Eine andere Möglichkeit besteht darin, vorübergehend für mehr Licht zu sorgen. Hier kommt das AF-Hilfslicht der Kamera ins Spiel: Wenn Sie es mit AF/MF-EINSTELLUNG > HILFSLICHT > AN aktivieren, strahlt die Kamera das Motiv mit einem weißen Hilfslicht an, sobald Sie den Auslöser zum Fokussieren halb durchdrücken.

Dieses Hilfslicht wird allerdings häufig abgeschattet – entweder von den Fingern des Fotografen oder vom Objektiv bzw. der angesetzten Gegenlichtblende. Achten Sie also darauf, das Hilfslicht nicht mit Ihren Fingern zu verdecken, und nehmen Sie die Gegenlichtblende ggf. ab.

So oder so: Das Hilfslicht erstreckt sich nie über das gesamte Bildfeld, sondern konzentriert sich eher auf die Mitte. Deshalb kann es seine positive Wirkung nur entfalten, wenn ein entsprechend mittiges AF-Feld ausgewählt wurde.

Eine Alternative zum AF-Hilfslicht besteht darin, in der Fokusphase vorübergehend selbst für besseres Licht zu sorgen, zum Beispiel mit einer Taschenlampe oder indem Sie kurz das Licht einschalten. Ja, manchmal helfen auch banale Tricks. Allerdings sollten Sie dabei mit AF-Lock arbeiten und die Belichtung nach einer erfolgreichen Fokussierung erst dann messen, wenn die temporäre Beleuchtung wieder ausgeschaltet und die eigentlichen Lichtverhältnisse wiederhergestellt wurden.

Wichtig: *Wenn Sie ein Objektiv bei schwachem Licht abblenden (also nicht mit Offenblende verwenden) möchten, sollten Sie unbedingt mit AF-S oder manuell mit dem Sofort-AF fokussieren. Verwenden Sie nicht AF-C, da dieser Modus meistens mit der eingestellten Arbeitsblende fokussiert, was bei schlechtem Licht und einem abgeblendeten Objektiv natürlich sehr ungünstig ist.*

TIPP 77	**Makroaufnahmen:** Fokussieren im Nahbereich

Die größte Herausforderung im Nahbereich ist die geringe Schärfentiefe, die ein besonders exaktes Vorgehen beim Fokussieren erfordert. Bereits geringste Abweichungen und Bewegungen können im Makrobereich zu unscharfen Ergebnissen führen.

Aus diesem Grund sollten Sie Makroaufnahmen, wenn möglich, von einem Stativ aus manuell fokussieren – unter Verwendung von Instant-AF, der Sucherlupe und der Fokusassistenten. Dabei sollten Sie die Kamera nach dem erfolgreichen Scharfstellen keinesfalls verschwenken. Zur visuellen Kontrolle der Schärfentiefe können Sie den Auslöser halb durchdrücken oder VORSCHAU SCHÄRFENTIEFE auf eine der Funktionstasten (Fn) der Kamera legen.

Bei Nahaufnahmen kommen Sie mit der Offenblende Ihres Objektivs nur selten weiter. Stattdessen gilt es mutig abzublenden, um den Bereich der Schärfentiefe zu vergrößern. Dadurch kommt es automatisch zu längeren Belichtungszeiten. Auch hier hilft Ihnen das Stativ, jedoch sollten Sie darauf achten, dass sich das Motiv nicht plötzlich aus der Schärfeebene bewegt. Im Makrobereich reicht hierfür oft ein leichtes Lüftchen aus, und schon befindet sich die Blüte einen Zentimeter weiter weg. Wenn es windig ist, geraten Nahaufnahmen von Blumen deshalb meist zu einem Lotteriespiel.

Falls Sie Nahaufnahmen nicht im MF-Modus, sondern im AF-Modus machen möchten, können Sie folgendermaßen vorgehen:

- Stellen Sie AF-S am Fokuswahlschalter ein.

- Wählen Sie den AF-Modus EINZELPUNKT aus und stellen Sie die kleinstmögliche AF-Feldgröße ein.

- Positionieren Sie das AF-Feld exakt über dem zu fokussierenden Motivbereich und verschwenken Sie die Kamera nach dem Fokussieren nicht. Zögern Sie nach dem halben Durchdrücken des Auslösers nicht zu lange mit der Aufnahme. Denken Sie daran, dass die X-T2 neben dem regulären Modus mit 91 AF-Feldern auch eine Option mit engmaschigen 325 AF-Feldern bereitstellt.

- Kontrollieren Sie den Fokus mit der Sucherlupe, indem Sie das hintere Einstellrad drücken und durch Drehen des Einstellrads eine passende Vergrößerungsstufe auswählen.

- Fotografieren Sie möglichst nicht aus der Hand, sondern verwenden Sie ein Stativ.

- Blenden Sie mutig ab und kontrollieren Sie die Schärfentiefe visuell mit halb gedrücktem Auslöser oder der Schärfentiefe-Vorschau (entsprechend belegte Fn-Taste).

- Sorgen Sie für gutes Licht und fotografieren Sie möglichst nur Motive, die sich nicht bewegen bzw. nicht von außen bewegt werden (Wind).

Abbildung 41: **Nahaufnahmen** sind aufgrund ihrer geringen Schärfentiefe eine besondere Herausforderung. Normalerweise arbeitet man deshalb vom Stativ. Mit etwas Glück gelingt es jedoch auch aus der Hand, wie bei diesem mit der klassischen X-Pro1 und dem XF60mmF2.4 R gemachten Schnappschuss aus dem Jahr 2012.

Sie können die Makro-Fähigkeiten Ihrer bestehenden XC- und XF-Objektive mit einem der beiden elektronischen Makro-Zwischenringe MCEX-11 oder MCEX-16 von Fujifilm verbessern. Auf der Website von Fujifilm [44] finden Sie eine Tabelle mit den neuen Abbildungsmaßstäben. Bitte beachten Sie, dass die elektronische Entfernungs- und Schärfentiefe-Skala der Kamera bei Verwendung eines Makro-Zwischenrings keine korrekten Angaben mehr liefert.

> Fokussieren auf sich bewegende Objekte (1): der »Autofokus-Trick« — TIPP 78

Faustregel: Fotografieren Sie statische Motive mit AF-S (Single) und sich auf die Kamera zu- oder von ihr wegbewegende Motive mit AF-C (Continuous). Wie üblich gilt auch hier: keine Regel ohne Ausnahme – daher nun der sogenannte »Autofokus-Trick«.

Gehen Sie folgendermaßen vor:

- Stellen Sie den Fokuswahlschalter auf AF-S und die Kamera mit dem DRIVE-Einstellrad in den Einzelbildmodus. Stellen Sie sicher, dass sich die Kamera im Boost-Modus befindet. Verwenden Sie zudem den mechanischen Verschluss. Um sich die Sache etwas zu erleichtern, können Sie in diesem Fall außerdem den PRE-AF einschalten.

- Verwenden Sie den AF-Modus EINZELPUNKT oder ZONE und wählen Sie ein passendes AF-Feld bzw. eine passende AF-Zone aus, mit dem bzw. der Sie das sich bewegende Objekt verfolgen möchten. Selektieren Sie dabei vorzugsweise eines der mittleren PDAF-Felder. Bei Bedarf – etwa wenn die Bildkomposition es verlangt – können Sie jedoch auch eines der äußeren AF-Felder auswählen, die nur den CDAF unterstützen.

- Stellen Sie die Belichtung passend ein. Achten Sie darauf, dass die Verschlusszeit kurz genug ist, damit keine unerwünschte Bewegungsunschärfe auftritt. 1/1000 s oder kürzer ist meist angemessen.

- »Verfolgen« Sie das Motiv mit der Kamera, indem Sie mit dem aktiven AF-Feld bzw. mit der ausgewählten AF-Zone auf den Bereich zielen, auf den die Kamera fokussieren soll. Drücken Sie dabei den Auslöser *nicht* halb durch.

- Drücken Sie im passenden Moment den Auslöser *ganz* durch und positionieren Sie das AF-Feld bzw. die AF-Zone weiterhin so lange auf dem zu fokussierenden Motiv, bis die Aufnahme gemacht wurde.

Der »AF-Trick« basiert auf der Eigenschaft der X-T2, per Fokuspriorität erst auszulösen, nachdem der Autofokus ein Ziel gefunden und darauf scharfgestellt hat. Wenn Sie den Auslöser entschlossen ganz durchdrücken, stellt die Kamera auf das sich bewegende Objekt scharf und macht unmittelbar darauf die Aufnahme. Meist ist die Zeitverzögerung zwischen dem erfolgreichen Scharfstellen und der Bildaufzeichnung so gering, dass sich das Motiv noch im Schärfentiefe-Bereich des Objektivs befindet.

Der »AF-Trick« führt somit vor allem dann zum Erfolg, wenn sich das Motiv nicht zu schnell auf die Kamera zubewegt und Sie mit einer hinreichend großen Schärfentiefe operieren.

Ein Nachteil dieser Methode ist, dass sie mit einer gewissen Zeitverzögerung nach dem beherzten Durchdrücken des Auslösers verbunden ist, Sie also nicht auf den Sekundenbruchteil genau den Augenblick bestimmen können, in dem die Kamera das Bild aufnimmt. Die tatsächliche Verzögerung ist davon abhängig, wie lange die Kamera zum Fokussieren braucht. Kommt der PDAF zum Zuge, geht es entsprechend schneller.

Abbildung 42: Mit dem **Autofokus-Trick** aufgenommenes galoppierendes Pferd: Mit älteren Kameras ohne PDAF war diese Methode die einzige Möglichkeit, sich auf die Kamera zubewegende Objekte mithilfe des Autofokus scharf abzubilden. Das Beispielbild entstand mit einer X-E1.

| TIPP 79 | Fokussieren auf sich bewegende Objekte (2): **die Fokusfalle** |

Die Fokusfalle ist quasi das Gegenstück zum »Autofokus-Trick«. Während Sie beim AF-Trick nicht genau vorherbestimmen können, wo und in welchem Augenblick die Aufnahme entsteht, legen Sie diese Rahmenbedingungen bei der Fokusfalle schon im Vorfeld fest.

Hierzu ist es notwendig, dass Sie einen geeigneten Ort vorherbestimmen können, den das sich bewegende Objekt passieren wird. Die Fokusfalle eignet sich also vor allem für Motive, deren Kurs vorhersehbar ist. Dies ist etwa bei vielen Rennsportarten der Fall.

Gehen Sie folgendermaßen vor:

- Stellen Sie den Fokuswahlhebel an der Kameravorderseite auf manuellen Fokus (MF) ein. Verwenden Sie den mechanischen Verschluss.

- Fokussieren Sie eine Stelle an, die das sich bewegende Objekt passieren wird und die für Ihre Aufnahme geeignet ist. Wählen Sie dabei eine Blende mit ausreichender Schärfentiefe, damit am Ende alle für die Aufnahme relevanten Teile des Motivs scharf abgebildet werden.

- Drücken Sie den Auslöser halb durch, sobald sich das Objekt der Stelle nähert, auf die Sie scharfgestellt haben. Die Kamera speichert nun die Belichtung und stellt die Arbeitsblende ein.

- Drücken Sie den Auslöser ganz durch, sobald das Objekt in die Fokusfalle tappt und die Stelle passiert, auf die Sie scharfgestellt haben.

Da auch bei einer mit halb durchgedrücktem Auslöser vorbereiteten X-T2 noch eine geringe Auslöseverzögerung auftritt, kann es bei sich sehr schnell auf die Kamera zubewegenden Objekten sinnvoll sein, den Auslöser einen Sekundenbruchteil früher vollständig durchzudrücken, also kurz bevor das Objekt die eigentliche Fokusfalle passiert.

Alternativ bietet es sich an, die Kamera in den schnellen Serienbildmodus (DRIVE-Einstellrad und Serienaufnahmemodus CH) zu versetzen. Die X-T2 macht dann acht oder elf Aufnahmen pro Sekunde. Auf diese Weise erhalten Sie mehr als ein Bild, während das Objekt die Fokusfalle passiert.

Abbildung 43: **Fokusfalle:** Um einen landenden Airbus A330 in genau dem Augenblick zu fotografieren, wenn er mit wenigen Metern Abstand über einen hinwegfliegt, ist gutes Timing wichtig. Anstatt sich hier auf den Autofokus zu verlassen, ist es sinnvoller, manuell und mit ausreichend Schärfentiefe auf die erwartete Entfernung scharfzustellen und den richtigen Augenblick mit halb gedrücktem Auslöser abzuwarten. Das Bild wurde mit einem XF18mmF2 R-Weitwinkelobjektiv aufgenommen.

Ein Sonderfall der Fokusfalle ist der manuelle Zonenfokus, bei dem Sie durch robustes Abblenden eine komfortable Schärfentiefe-Zone definieren und dann abwarten, bis in dieser Entfernungszone etwas passiert. Diese Methode wird häufig von Street-Fotografen in Verbindung mit kürzeren Brennweiten (Weitwinkel) angewandt.

Eine Variante des Zonenfokus ist das Mitziehen [10] mit längeren Verschlusszeiten, beispielsweise 1/60 s oder länger bei einem Autorennen. Die lange Verschlusszeit sorgt automatisch dafür, dass Sie eine kleine Blende (= große Blendenzahl) mit entsprechend komfortabler Schärfentiefe verwenden können. Die Freistellung des Objekts erfolgt über den durch das Mitschwenken der Kamera verwischten Hintergrund, während das Objekt selbst scharf abgebildet wird – zumindest dann, wenn Sie alles richtig machen und die Kamera beim Mitziehen nicht verreißen.

Abbildung 44: **Mitzieher** bei Höchstgeschwindigkeit mit 1/60 s: Die sich durch die recht lange Belichtungszeit ergebende Blende 18 sorgt bei einer Brennweite von 50 mm für reichlich Schärfentiefe.

> **TIPP 80** Fokussieren auf sich bewegende Objekte (3): **AF-Tracking mit EINZELPUNKT, ZONE und WEIT/VERFOLGUNG**

Der prädiktive PDAF der mittleren Autofokusfelder auf dem Sensor Ihrer X-T2 erlaubt es Ihnen, Objekte, die sich im dreidimensionalen Raum bewegen, mit der Kamera zu verfolgen. Mithilfe der Prädiktion versucht die

Kamera, die Entfernung des verfolgten Objekts für den Augenblick der nächsten Auslösung (unter Berücksichtigung der Auslöseverzögerung) vorherzusagen und den Fokus dementsprechend einzustellen. Auf diese Weise werden technisch unvermeidliche Auslöseverzögerungen ausgeglichen.

In der X-T2 wurden auch die prädiktiven Fähigkeiten des CDAF verbessert. Das bedeutet, dass sich bewegende Objekte auch mit den äußeren AF-Punkten verfolgt werden können, die keinen PDAF unterstützen. Dies funktioniert im Serienbildmodus allerdings nur bis zu einer Geschwindigkeit von drei Bildern pro Sekunde, also in der Einstellung CL.

Bitte beachten Sie, dass die Trefferquote dabei niemals einhundert Prozent erreicht. Sie ist jedoch meist hoch genug, um in Kombination mit den Serienbildmodi eine mehr als akzeptable Ausbeute zu erzielen.

Beginnen wir mit den AF-Modi EINZELPUNKT und ZONE:

- Stellen Sie den Fokuswahlhebel an der Kameravorderseite auf AF-C und vergewissern Sie sich, dass der Boost-Modus eingeschaltet ist. Stellen Sie außerdem sicher, dass der mechanische Verschluss (MS) als Auslösertyp eingestellt ist.

- Schalten Sie nun den Serienbildmodus ein (DRIVE-Einstellrad auf CL oder CH). Ich empfehle den langsameren CL-Modus, da dieser zwischen den Bildern ein Live-View-Bild im Sucher anzeigt und sämtliche AF-Felder unterstützt.

- Im AF-Modus EINZELPUNKT wählen Sie am besten eines der zentralen PDAF-Autofokusfelder aus. Verwenden Sie möglichst keines der äußeren AF-Felder, da diese nur mit CDAF und nicht mit PDAF fokussieren können. Wenn Sie trotzdem unbedingt eines der äußeren CDAF-Felder verwenden möchten, *müssen* Sie die langsame Serienbildgeschwindigkeit (»CL«) einstellen.

- Im AF-Modus ZONE sollten Sie eine Zone auswählen, die möglichst nicht über die mittlere 7 × 7-AF-Punktematrix hinausragt. Enthält Ihre AF-Zone auch Punkte außerhalb der zentralen 7 × 7-Matrix, fokussiert die Kamera nur mit dem langsameren CDAF. In diesem Fall steht Ihnen auch nur die langsamere (CL) der beiden Serienbildgeschwindigkeiten zur Verfügung.

- Positionieren Sie das ausgewählte AF-Feld oder die AF-Zone auf den zu fokussierenden Bereich des sich bewegenden Objekts. Im Modus ZONE sollte sich dabei das mittlere Fadenkreuz der Zone auf einem Teil des zu fokussierenden Objekts befinden. Drücken Sie den Auslöser nun halb durch und die Kamera beginnt mit dem Autofokus-Tracking.

- Halten Sie den Auslöser halb gedrückt, während Sie das Objekt verfolgen, indem Sie das ausgewählte AF-Feld bzw. die gewählte AF-Zone weiterhin über dem zu fokussierenden Bereich halten und nachführen.

- Drücken Sie den Auslöser ganz durch, um die Aufnahmeserie zu beginnen, und halten Sie ihn so lange gedrückt, wie die Kamera Aufnahmen machen und dabei auf das sich bewegende Objekt scharfstellen soll. Achten Sie darauf, dass sich das aktive AF-Feld bzw. die gewählte AF-Zone während der Serienbildaufnahmen weiterhin auf dem zu fokussierenden Motivbereich befindet. Hier zeigt sich der Vorteil des langsameren der beiden Serienbildmodi, da dieser Ihnen einen (während der Serienbildaufnahme von kurzen Blackouts unterbrochenen) Live-View des Geschehens zeigt.

Bei mit AF-C gemachten Serienaufnahmen regelt die X-T2 den Fokus, nicht aber die Belichtung vor jedem neu gemachten Bild nach, wenn BLENDE AE eingeschaltet ist. Weißabgleich und Dynamikerweiterung bleiben die Serie über ebenfalls konstant, hier gelten stets die Einstellungen der ersten Aufnahme einer Serie.

Wenn Sie möchten, dass die Kamera auch zwischen einzelnen Serienbildaufnahmen die Belichtung neu berechnet, stellen Sie BLENDE AE bitte auf AUS.

Abbildung 45: **AF-Tracking** mit AF-C im Serienbildmodus: Der prädiktive Autofokus verfolgt eines der auf die Kamera zu rennenden Kinder mit dem vom Fotografen ausgewählten AF-Feld bzw. der gewählten AF-Zone und justiert die Schärfe vor jedem weiteren Bild entsprechend nach. Damit solche Serien gelingen, sollte man das ausgewählte AF-Feld bzw. die AF-Zone dabei so lange wie möglich über den scharfzustellenden Bereich halten.

Grundsätzlich funktioniert AF-C-Tracking natürlich auch im Einzelbildmodus (DRIVE-Einstellrad auf S). In diesem Fall macht die Kamera beim Durchdrücken des Auslösers nur eine einzelne Aufnahme und beendet anschließend das AF-Tracking. Sie können einen neuen Tracking-Anlauf starten, indem Sie den Auslöser erneut halb durchdrücken.

Es ist für den Hybrid-AF der X-T2 normal, dass das elektronische Sucherbild während des Tracking-Vorgangs nicht immer scharf erscheint und der grüne AF-Indikator in der linken unteren Ecke des Sucherbildes an- und ausgeht. Lassen Sie sich davon nicht irritieren, sondern vertrauen Sie dem AF-Tracking der Kamera, das in der Regel gute Dienste leistet.

Eine Alternative zu den Modi EINZELPUNKT und ZONE bietet bei der Verfolgung von Objekten der Modus WEIT/VERFOLGUNG, und zwar ebenfalls in Kombination mit dem kontinuierlichen Autofokus AF-C. Diese Einstellung ermöglicht echtes »3D-Tracking«. Das bedeutet, dass die Kamera ein Motiv nicht nur hinsichtlich seiner sich verändernden Distanz zur Kamera verfolgen kann (z-Achse), sondern innerhalb des gesamten Bildfelds auch dessen Bewegungen nach links und rechts (x-Achse) sowie nach oben und nach unten (y-Achse) erkennt.

So geht's:

- Stellen Sie den Fokuswahlhebel an der Kameravorderseite auf AF-C und vergewissern Sie sich, dass der Boost-Modus eingeschaltet ist. Wie Sie wissen, empfehle ich, den Hochleistungsmodus grundsätzlich einzuschalten. Stellen Sie außerdem sicher, dass im Aufnahmemenü der mechanische Verschluss (MS) als Auslösertyp eingestellt ist.

- Wählen Sie den Autofokusmodus WEIT/VERFOLGUNG aus und stellen Sie den langsameren der beiden Serienbildmodi (CL) ein. Auf diese Weise erstreckt sich die »3D-Motivverfolgung« über das gesamte Bildfeld, operiert jedoch ausschließlich mit dem langsameren CDAF. Wenn Sie den schnellen Serienbildmodus (CH) einstellen, arbeitet die Motivverfolgung zwar mit dem schnelleren PDAF, erstreckt sich jedoch nur über den kleineren zentralen Bildbereich.

- Wählen Sie einen der bis zu 91 verfügbaren AF-Punkte im Bildfeld aus. Der ausgewählte Punkt dient Ihnen als Startpunkt, um die Motivverfolgung zu initiieren, und sollte so gewählt werden, dass er zu Ihrer Bildkomposition passt.

- Um das Motiv zu identifizieren, stellen Sie sicher, dass der ausgewählte AF-Punkt auf das zu verfolgende Ziel gerichtet ist. Drücken Sie nun den Auslöser halb durch, damit die Kamera das Motiv analysieren und per Mustererkennung speichern kann. Solange Sie den Auslöser halb gedrückt halten, wird die Kamera diesem Muster automatisch mit einem Schwarm von grünen AF-Punkten über das gesamte Bildfeld hinweg folgen.

- Drücken Sie den Auslöser ganz durch und halten Sie ihn gedrückt, um Serienaufnahmen zu machen, während die Kamera das Motiv weiterhin verfolgt.

Abbildung 46: Im AF-Tracking-Modus **WEIT/VERFOLGUNG** zeigen Sie der Kamera zunächst das Motiv, das es zu verfolgen gilt. Anschließend verfolgt die X-T2 dieses Motiv mithilfe von Mustererkennung über alle drei Raumachsen.

Benutzerdefinierte AF-C-Einstellungen	TIPP 81

Die X-T2 erlaubt die Feinabstimmung des kontinuierlichen Autofokus (AF-C) mithilfe von drei Parametern:

- Die **Verfolgungsempfindlichkeit** (VE) legt fest, wie schnell die Kamera den Fokus auf ein anderes Ziel lenken soll, wenn das ursprüngliche Ziel vorübergehend oder permanent aus dem Blickfeld gerät. Diese Einstellung ist nützlich, wenn das verfolgte Motiv kurzzeitig hinter einem anderen Objekt verschwindet oder aus dem Bild läuft bzw. wenn ein zweites Ziel mit einer deutlich anderen Entfernung ins Bild läuft. In der Einstellung 0 wechselt die Kamera sofort zum neuen Ziel, während die Einstellungen 1–4 die Zeitspanne zunehmend verlängern, in der die X-T2 bei der ursprünglichen Entfernung verbleibt. Technisch gesprochen trifft das AF-C-System mit Einstellung 0 keine Vorhersage über die Position eines vorübergehend verlorenen Ziels. Die Empfindlichkeitseinstellungen 1, 2, 3 und 4 hingegen versuchen, die Position eines verdeckten oder verlorenen Ziels für 0,4 s, 0,7 s, 1,0 s und 1,3 s weiter zu bestimmen, ehe sich der AF-C auf ein neues Ziel stürzt.

- Die **Geschwindigkeitsverfolgungsempfindlichkeit** (GVE) regelt die Verfolgungscharakteristik der Kamera im Hinblick auf Geschwindigkeitsänderungen beim Motiv. Die Einstellung 0 geht von einer konstanten Motivgeschwindigkeit aus. Mit den Einstellungen 1 und 2 reagiert die Kamera zunehmend sensibel auf unvermittelte Geschwindigkeitsänderungen des Motivs. Diese Einstellungen eignen sich deshalb besonders gut für Motive, die schnell abbremsen und beschleunigen.

- Die **Zonenbereichsumschaltung** (ZBU) ist nur im Zonen-AF-Modus wirksam und legt fest, welcher Bereich einer AF-Zone beim Fokussieren Priorität genießt. Wählen Sie MITTE, um den Fokus auf Ziele im Zentrum der gewählten Zone zu konzentrieren. Wählen Sie VORNE, um den Fokus auf das Ziel innerhalb der AF-Zone zu lenken, das die geringste Entfernung zur Kamera aufweist – eine gute Wahl für Situationen, in denen sich Motive plötzlich in eine AF-Zone bewegen. AUTO konzentriert sich auf das Ziel, auf das zuerst fokussiert wurde.

Sie können diese drei Parameter unabhängig voneinander einstellen oder aus verschiedenen Sets von Voreinstellungen auswählen, die typische Aufnahmesituationen repräsentieren. Rufen Sie hierzu AF/MF EINSTELLUNG > AF-C BENUTZERFDEF.EINST. auf und wählen Sie anschließend eines der angebotenen Sets aus:

- SET 1: MEHRZWECK ist die Standardeinstellung und entspricht dem AF-C-Verhalten in Kameras wie der X-Pro2. Set 1 ist eine gute Wahl für alle Situationen, bei denen Sie nicht genau wissen, wie andere Einstellungen zu besseren Ergebnissen führen könnten. Die diesem Set zugrundeliegenden Einstellungen lauten VE 2, GVE 0 und ZBU AUTO.

- SET 2: HINDERNIS IGNORIEREN & MOTIV WEITER VERFOLGEN richtet den Fokus weiterhin auf ein Objekt, wenn dieses das Bildfeld kurz verlässt oder vorübergehend verdeckt wird. Das ist beispielsweise praktisch, wenn Sie ein bestimmtes Motiv mit der Kamera verfolgen und Menschen,

Bäume oder andere Hindernisse dieses Motiv zeitweilig verdecken, weil sie kurz in die Sichtlinie zwischen Ihrer Kamera und dem Motiv geraten. Der Autofokus bleibt in solchen Fällen auf dem ursprünglichen Motiv. Die entsprechenden Parametereinstellungen sind VE 3, GVE 0 und ZBU MITTE.

- SET 3: FÜR BESCHLEUNIGENDES/VERLANGSAMENDES MOTIV ist eine typische Einstellung für Rennstrecken, wobei schnelle Geschwindigkeitsänderungen des Motivs berücksichtigt werden. Dieses Set eignet sich also gut für Ziele, die schnell und unvermittelt beschleunigen und bremsen – insbesondere in Kombination mit XF-Objektiven, die über einen schnellen AF-Motor verfügen. Die entsprechenden Parametereinstellungen lauten VE 2, GVE 2 und ZBU AUTO.

- SET 4: FÜR PLÖTZLICH ERSCHEINENDES MOTIV ermöglicht es der Kamera, blitzschnell auf ein Motiv zu fokussieren, das ohne Vorwarnung ins Blickfeld tritt. Die Priorität liegt dabei auf dem Ziel mit dem geringsten Abstand zur Kamera. Die Parametereinstellungen lauten VE 0, GVE 1 und ZBU VORNE.

- SET 5: FÜR SPRUNGHAFT BEWEGENDES & BESCH./VERLNGS. MOTIV eignet sich für Motive, die sich unvorhersehbar im Raum bewegen, dabei unvermittelt beschleunigen bzw. abbremsen und den Fokussierbereich dabei vorübergehend verlassen. Damit eignet sich dieses Set besonders gut für Feldsportarten wie Fußball. Die Parametereinstellungen lauten VE 3, GVE 2 und ZBU AUTO.

- SET 6: BENUTZERDEFINIERT speichert Ihre individuellen Einstellungen für die drei oben beschriebenen AF-C-Parameter Verfolgungsempfindlichkeit (VE), Geschwindigkeitsverfolgungsempfindlichkeit (GVE) und Zonenbereichsumschaltung (ZBU). Verwenden Sie dieses Set, um den AF-C an die besonderen Anforderungen Ihrer Aufnahmesituation anzupassen.

| TIPP 82 | Fokuspriorität vs. Auslösepriorität |

Grundsätzlich versucht der Autofokus der X-T2 *immer* zuerst ein Ziel zu finden, bevor die Kamera auslöst. Dieses Verhalten ist schließlich auch die Basis des oben besprochenen »Autofokus-Tricks«. Wenn wir hier also von Fokuspriorität und Auslösepriorität sprechen, so bezieht sich dies nur auf das Verhalten der Kamera für den Fall, dass der Autofokus *kein* Ziel findet:

- Stellen Sie AF/MF-EINSTELLUNG > PRIO. AUSLÖSEN/FOKUS > AF-S PRIO.-AUSW. > FOKUS ein, um die Kamera daran zu hindern, eine Aufnahme auch dann zu machen, wenn der Autofokus (AF-S) kein Ziel findet, im Sucher also eine rote AF-Warnung erscheint.

- Stellen Sie AF/MF-EINSTELLUNG > PRIO. AUSLÖSEN/FOKUS > AF-C PRIO.-AUSW. > FOKUS ein, um dafür zu sorgen, dass die Kamera im Modus AF-C (und dabei insbesondere auch im Serienbildmodus) nur dann Aufnahmen macht, wenn der Autofokus ein Ziel findet.

Die Auswahl von Fokuspriorität für AF-S und AF-C führt schlicht und einfach dazu, dass die Kamera weniger Ausschuss produziert und sich der Anteil scharfer Bilder auf Ihrer Speicherkarte erhöht.

Werksseitig ist die Kamera auf Auslösepriorität eingestellt, getreu dem Motto: »Lieber ein unscharfes Bild als gar kein Bild.« Da ich kein Freund unscharfer Bilder bin, steht meine X-T2 sowohl für AF-S als auch für AF-C auf Fokuspriorität.

Bitte beachten Sie, dass die Kamera immer Auslösepriorität verwendet, wenn im AF-S-Modus die Funktion AF+MF aktiv ist.

2.5 WEISSABGLEICH UND JPEG-EINSTELLUNGEN

Ein besonderer Vorzug sämtlicher X-Serie-Kameras ist die Möglichkeit, den Weißabgleich [45] und die sogenannten JPEG-Einstellungen nicht nur vor der Aufnahme im Menü BILDQUALITÄTS-EINSTELLUNG, sondern auch nachträglich mit dem eingebauten RAW-Konverter zu ändern. Hier einige Vorteile:

- Es besteht keine Notwendigkeit, die »perfekten« Einstellungen im Vorfeld einer Aufnahme zu antizipieren.

- Sie können in der Kamera verschiedene Versionen (JPEGs) einer Aufnahme erstellen, etwa eine Variante mit Velvia-Farben, eine in Schwarz-Weiß, eine mit verringertem Schattenkontrast und eine mit wärmerer Farbtemperatur.

Dabei ist es unerheblich, ob Sie diese Einstellungen vor einer Aufnahme in den Kameramenüs oder nachträglich im eingebauten RAW-Konverter vornehmen.

Die nachträgliche Option steht natürlich nur dann zur Verfügung, wenn Sie neben den JPEGs auch die RAW-Dateien speichern, also wie in diesem Buch empfohlen bei BILDQUALITÄT die Option FINE+RAW verwenden.

Nachfolgend finden Sie eine Gegenüberstellung von jeweils korrespondierenden Funktionen im Menü BILDQUALITÄTS-EINSTELLUNG sowie im eingebauten RAW-Konverter:

Menü BILDQUALITÄTS-EINSTELLUNG	Menü RAW-KONVERTIERUNG
(Belichtungskorrekturrad)	PUSH/PULL-VERARB.
DYNAMIKBEREICH	DYNAMIKBEREICH
FILMSIMULATION	FILMSIMULATION
WEISSABGLEICH	WEISSABGLEICH
(inkl. WA VERSCHIEBEN)	WA VERSCHIEBEN
FARBE	FARBE
SCHÄRFE	SCHÄRFE
TON LICHTER	TON LICHTER
SCHATTIER. TON	SCHATTIER. TON
RAUSCHREDUKTION	RAUSCHREDUKTION
KÖRNUNGSEFFEKT	KÖRNUNGSEFFEKT
OBJEKTIVMOD.-OPT.	OBJEKTIVMOD.-OPT.
FARBRAUM	FARBRAUM

Beachtenswerte Unterschiede gibt es bei den beiden zuerst genannten Funktionen:

- Während die **Belichtungskorrektur** vor einer Aufnahme Veränderungen bei Blende, Belichtungszeit oder (bei aktivem Auto-ISO) der ISO-Einstellung bewirken kann, führt die nachträgliche **Push/Pull-Verarbeitung** im RAW-Konverter lediglich zu einer stärkeren (Push) oder schwächeren (Pull) digitalen Signalverstärkung. Diese effektive nachträgliche Belichtungskorrektur (ISO-Anpassung) wird nicht in den EXIF-Daten [16] des so entwickelten JPEGs vermerkt. Die Push/Pull-Entwicklung im eingebauten RAW-Konverter entspricht dem Verschieben des Belichtungsreglers in externen RAW-Bearbeitungsprogrammen wie Lightroom, Silkypix oder Capture One.

- *Bevor* Sie eine Aufnahme machen, können Sie als **Dynamikbereich** die Optionen AUTO, DR100%, DR200% oder DR400% auswählen. DR200% führt zu einer um eine Blendenstufe knapper belichteten RAW-Datei, DR400% zu einem um zwei Blendenstufen knapper belichteten RAW. Bei DR-Auto wählt die Kamera automatisch entweder DR100% oder DR200% aus. *Nach* dem Erstellen einer Aufnahme haben Sie im eingebauten RAW-Konverter im Prinzip zwar ebenfalls die Wahl zwischen DR400%, DR200% und DR100%, Sie können die Lichterdynamik dort jedoch höchstens reduzieren, nicht erweitern. Sie können ein mit DR400% aufgenommenes RAW also wahlweise mit DR200% oder DR100% entwickeln. Eine mit DR200% aufgenommene RAW-Datei können Sie analog dazu auch mit DR100%, nicht jedoch mit DR400% entwickeln. Und eine mit DR100% gemachte Aufnahme können Sie auch nur mit DR100% entwickeln.

Ein korrekter **Weißabgleich** sorgt dafür, dass graue oder weiße Flächen unabhängig von den jeweils herrschenden Lichtverhältnissen im fertigen Bild grau oder weiß erscheinen und sich keine Farbstiche einschleichen. Gleichzeitig soll das Ergebnis natürlich und nicht klinisch neutral erscheinen. Die X-T2 bewältigt diesen Balanceakt normalerweise ziemlich gut, sodass Sie mit dem automatischen Weißabgleich (AUTO) meist ansprechende Ergebnisse erzielen werden.

Manchmal liegt der automatische Weißabgleich jedoch daneben und manchmal möchten Sie vielleicht auch ganz bewusst eine kältere oder wärmere Farbabstimmung verwenden, etwa beim Fotografieren eines Sonnenuntergangs. Vielleicht möchten Sie auch eine Aufnahmeserie von einem bestimmten Motiv in einem bestimmten Licht machen, deren einzelne Bilder durchgängig denselben Weißabgleich aufweisen sollen. In solchen Fällen ist es ratsam, den Weißabgleich nicht der Automatik zu überlassen, sondern ihn selbst einzustellen.

Folgende Optionen stehen Ihnen dafür zur Verfügung:

- sieben Voreinstellungen (Presets) für typische Lichtsituationen wie Glühlampenlicht oder einen bewölkten Himmel,

- die manuelle Farbtemperatureingabe über das Kelvin-Menü,

- der manuelle (benutzerdefinierte) Weißabgleich, bei dem die Kamera vor Ort einen Motivbereich (etwa eine weiße Wand) anmisst, der später in neutralem Grau bzw. Weiß erscheinen soll. Die X-T2 stellt drei Speicherplätze für einen benutzerdefinierten Weißabgleich zur Verfügung, sodass Sie mehrere Einstellungen gleichzeitig speichern und schnell zwischen ihnen wechseln können.

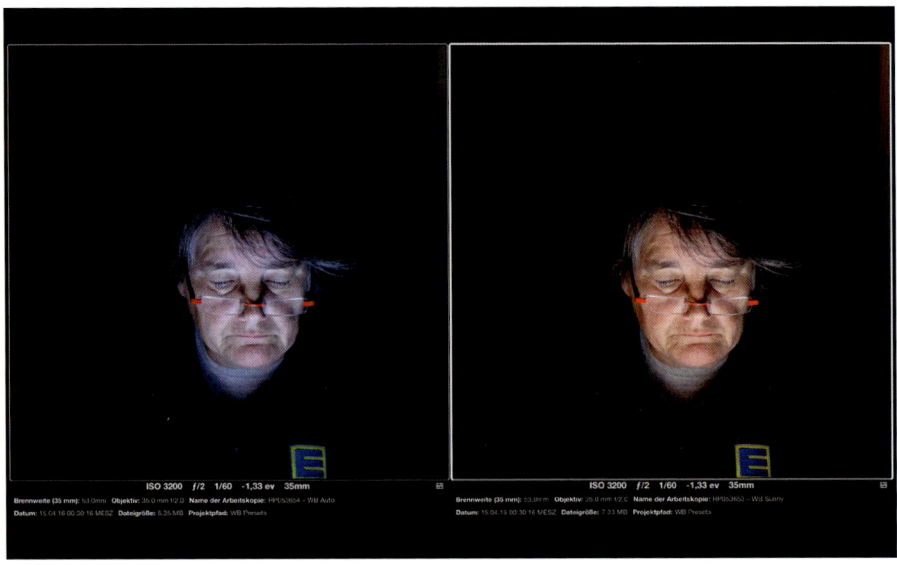

Abbildung 47: **Weißabgleich** mit unterschiedlichen Einstellungen: links die etwas kühle AUTO-Einstellung, rechts die gleiche Aufnahme mit der SONNIG-Voreinstellung. Als einzige Lichtquelle diente hier der LCD-Bildschirm eines Apple iPad.

| TIPP 83 | Manueller Weißabgleich – kleine Mühe, große Wirkung |

Eine praktische Weißabgleichoption, die in der X-T2 ausschließlich vor der Aufnahme (und somit nicht im eingebauten RAW-Konverter) zur Verfügung steht, ist der manuelle Weißabgleich. Diese Funktion gibt Ihnen die Möglichkeit, den Weißabgleich der Kamera vor dem Erstellen einer Aufnahme im Hinblick auf konkret vorherrschende Lichtverhältnisse zu kalibrieren.

So geht's:

- Wählen Sie BILDQUALITÄTS-EINSTELLUNG > WEISSABGLEICH > BENUTZERDEFINIERT(1–3) > RECHTE RICHTUNGSTASTE.

- Zielen Sie mit der Kamera in Richtung des Motivs auf eine neutral graue oder weiße Fläche, etwa eine Wand oder eine mitgebrachte Graukarte [46]. Achten Sie darauf, dass die anvisierte Fläche groß genug ist, um den im Kamerasucher angezeigten Messrahmen vollständig abzudecken.

- Drücken Sie den Auslöser ganz durch. Die Kamera nimmt nun einen manuellen Weißabgleich vor und verändert den Live-View entsprechend. Im Sucher erscheint »Ausgeführt!«. Wenn Sie mit dem Ergebnis zufrieden sind, bestätigen Sie den neuen Weißabgleich mit der OK-Taste.

Sie können dieses Verfahren auch mit einem aktivierten Blitz anwenden. In diesem Fall wird der Weißabgleich für das auf das angemessene Motiv fallende Mischlicht aus Blitz und Umgebungslicht vorgenommen.

Bitte denken Sie daran, dass Sie einen bei der Aufnahme eingestellten manuellen Weißabgleich später bei der RAW-Entwicklung nicht zwangsläufig verwenden müssen. Wenn Ihnen die manuell ermittelte Farbtemperatureinstellung nicht (mehr) gefällt oder Sie gerne andere Varianten ausprobieren möchten, können Sie im eingebauten RAW-Konverter unter WEISSABGLEICH jederzeit andere Einstellungen vornehmen, etwa eine manuelle Kelvin-Farbtemperatureinstellung oder eine der folgenden sieben Voreinstellungen (Presets): SONNIG, BEWÖLKT, NEONLICHT 1–3, GLÜHLAMPENLICHT und TAUCHEN. Die letztgenannte Einstellung eignet sich nicht nur für Unterwasseraufnahmen, sondern auch für Aufnahmen von Tieren in großen Aquarien.

Auch der automatische Weißabgleich (AUTO) steht Ihnen nachträglich im eingebauten RAW-Konverter zur Verfügung. In diesem Fall entwickelt die Kamera die Aufnahme mit den Einstellungen, die sie auch genommen hätte, wenn Sie *vor* der Aufnahme die Option WEISSABGLEICH > AUTO ausgewählt hätten.

Abbildung 48: Ein **manueller Weißabgleich** auf den Wandbereich hinter dem »Sofa« sorgte hier für die neutrale Farbabstimmung.

TIPP 84	Infrarotfotografie

Die X-T2 besitzt einen relativ schwachen Infrarotfilter vor ihrem Sensor und eignet sich deshalb gut für Infrarotaufnahmen. Um solche Aufnahmen zu machen, benötigen Sie einen Filter, der das sichtbare Licht blockiert und nur die Infrarotanteile durchlässt. Gute Erfahrungen haben X-Fotografen diesbezüglich mit R72-Filtern gemacht, wie sie etwa von Hoya angeboten werden.

Um den warmen Rotstich im Sucherbild zu minimieren, sollten Sie die Farbtemperatur bei Verwendung eines solchen Filters mit der KELVIN-Funktion des Weißabgleichs so niedrig wie möglich – also auf 2500 Kelvin – einstellen. Um die rote Farbe im Sucherbild komplett zu eliminieren, können Sie im BILDQUALITÄTS-EINSTELLUNG-Menü außerdem eine der acht verfügbaren Schwarz-Weiß-Filmsimulationen auswählen.

Da R72-Filter den Großteil des einfallenden Lichts blockieren, sollten Sie mit einem Stativ arbeiten oder ein sehr lichtstarkes Objektiv im Bereich der Offenblende verwenden.

Abbildung 49: In Adobe Lightroom ausgearbeitete **Infrarotaufnahme** mit einem R72-Filter (Foto: www.qimago.de)

| TIPP 85 | Farbstiche bearbeiten mit **WA VERSCHIEBEN** |

Hinter der Bezeichnung WA VERSCHIEBEN verbirgt sich die Möglichkeit, nach der Auswahl einer Weißabgleichoption (also nach der Wahl der zu den Lichtverhältnissen passenden Farbtemperatur) auch noch den Farbstich [47] des Ergebnisses zu variieren. Die Funktion WA VERSCHIEBEN gibt es nicht nur im eingebauten RAW-Konverter, sie steht Ihnen auch bei der Aufnahme hinter jeder einzelnen Weißabgleichoption zur Verfügung.

Sie können also für jede der verschiedenen Weißabgleichoptionen (Auto, Kelvin, die sieben Presets und dreimal manueller Weißabgleich) eine *andere* Farbverschiebung eintragen. Dies geht recht komfortabel mithilfe eines Koordinatensystems, in dem Sie den Farbstich auf der x-Achse zwischen Grün und Rot sowie auf der y-Achse zwischen Gelb und Blau verändern können.

Grundsätzlich rate ich hier jedoch zu einer neutralen Einstellung, zumal man rasch den Überblick verlieren kann, weil, wie gesagt, für jede Weißabgleichoption eine andere Verschiebung eingetragen werden kann, die separat gespeichert wird. Die Kamera verwaltet also bis zu zwölf verschiedene Farbverschiebungen gleichzeitig. Zu leicht gerät eine einmal durchgeführte Korrektur in Vergessenheit. Einfacher dürfte es sein, konkret notwendige Farbverschiebungen nachträglich bei der Bildbearbeitung im eingebauten RAW-Konverter vorzunehmen, etwa um zu rötliche Hauttöne bei einer Porträtaufnahme zu korrigieren.

Abbildung 50: **WA VERSCHIEBEN in Aktion:** Das Bild links zeigt eine Testaufnahme mit AUTO-Weißabgleich und Werkseinstellungen bei allen JPEG-Parametern. Rechts sehen Sie dasselbe Bild mit einem verschobenen (Rot −3, Blau +6) Weißabgleich, um eine etwas kältere Farbstimmung zu erzielen.

| Filmsimulationen – It's All About the Look | TIPP 86 |

Die Bedeutung von Filmsimulationen für den Look des JPEG-Resultats wird häufig unterschätzt. Tatsächlich beeinflusst die Wahl der Filmsimulation nicht nur die Farbgradation, sondern auch die Farbsättigung, den Dynamikumfang und den Kontrast der JPEG-Bildergebnisse.

Aus diesem Grund sollte die Auswahl der Filmsimulation stets Vorrang vor anderen JPEG-Einstellungen wie Farbsättigung, Lichter- oder Schattenkontrast haben. Auf die RAW-Datei haben die Filmsimulationen (wie auch alle anderen JPEG-Parameter) naturgemäß keine Auswirkung. Die X-T2 stellt Ihnen sechs Farbgradationen, acht Schwarz-Weiß-Optionen und eine Sepiavariante zur Verfügung:

- PROVIA ist die Standardgradation der X-T2. Sie eignet sich für nahezu alle Aufnahmesituationen. Der Name ist eine Reminiszenz an Fujis Provia-Diafilme, eine im vergangenen Jahrhundert bei vielen Analog-Fotografen hochgeschätzte Allzweckwaffe.

- ASTIA ist eine Farbgradation mit sanft ablaufenden Glanzlichtern und schmeichelhaften Hauttönen, die folglich häufig bei Porträts verwendet wird. Angelehnt an (jedoch nicht identisch mit) Fujis Astia-Diafilm, eignet sich diese Einstellung auch gut für Landschaftsaufnahmen mit hohem Pflanzenanteil. Zu den Eigenheiten dieser Gradation gehören die ins Bläuliche tendierenden Schatten, die einen deutlichen Kontrast zu den warmen Mitteltönen und Glanzlichtern abgeben.

- VELVIA ist eine besonders kontrastreiche und hoch gesättigte Gradation, die vorwiegend in der Landschaftsfotografie oder bei schlechtem Wetter und flauem Licht eingesetzt wird. Die an den legendären Fuji-Velvia-Diafilm der 90er-Jahre angelehnte Filmsimulation ist für Porträtaufnahmen nur bedingt geeignet.

- CLASSIC CHROME ist Fujis neueste Farbfilmsimulation und hat schnell an Popularität gewonnen. Kein Wunder, weckt sie doch Erinnerungen an die goldene »Life«-Magazin-Ära der Farbfotografie. Der klassisch-moderne Look von Classic Chrome eignet sich gleichermaßen gut für Landschafts- und Porträtaufnahmen.

Abbildung 51: Mit seinem besonderen Look hat **CLASSIC CHROME** innerhalb kurzer Zeit zahlreiche Fans gefunden.

- PRO NEG. HI ist eine speziell auf Außenporträts abgestimmte Gradation, die Hauttöne optimiert und trotzdem einen angemessen hohen Kontrast beisteuert. Diese Gradation ist ein guter Kompromiss aus Farbtreue und Lebendigkeit.

- PRO NEG. STD ist die neutralste Gradation der X-T2. Mit mäßigem Kontrast und vergleichsweise geringer Farbsättigung gibt diese Einstellung Farben sehr natürlich wieder – auf die Gefahr hin, etwas flau und langweilig zu wirken. JPEGs mit dieser Filmsimulation eignen sich aufgrund ihres hohen Kontrastumfangs und der geringen Neigung zu übersteuernden Farbkanälen gut für eine intensivere Nachbearbeitung am PC. Darüber hinaus empfiehlt Fujifilm diese Einstellung auch für Studioporträts mit Blitzlicht.

Abbildung 52: **Gegenpole:** PRO NEG. STD und VELVIA zeigen die Bandbreite von Fujis eingebauten Filmsimulationen am besten auf. Die Abbildung zeigt links eine mit PRO NEG. STD entwickelte Aufnahme. Rechts sehen Sie das gleiche Bild mit der VELVIA-Einstellung.

- SCHWARZWEISS ist Fujis Standardgradation für Schwarz-Weiß-Bilder mit einer neutralen, ungefilterten Farbumwandlung. Schwarz-Weiß-Aufnahmen leben bekanntlich von Kontrasten, deshalb kommt es hier stark darauf an, welche Helligkeitswerte einzelnen Farben zugewiesen werden. Um Schwarz-Weiß-Bildern mehr »Punch« zu verleihen, verstärken viele Fotografen außerdem den Schatten- und/oder Lichterkontrast (SCHATTIER. TON und TON LICHTER). Zudem wird die Rauschunterdrückung gerne zurückgefahren, da Farbrauschen in diesem Modus so gut wie keine Rolle spielt und das etwas stärker hervortretende Luminanzrauschen wie Filmkorn erscheint.

- SW+GELB-FILTER ist eine Schwarz-Weiß-Filmsimulation mit einem vorgeschalteten digitalen Gelbfilter. Gelbe Farbtöne bekommen damit einen helleren Grauton, andere Farbtöne werden entsprechend ihrer Entfernung zu Gelb dunkler dargestellt. Der Effekt ist bei den meisten Motiven eine leichte Kontrastanhebung.

- SW+ROT-FILTER entwickelt die Aufnahme in Schwarz-Weiß mit einem digitalen Rotfilter. Hauttöne werden dadurch aufgehellt und rötliche Hautunreinheiten reduziert. Blauer Himmel wird dagegen abgedunkelt und mit einem deutlichen Kontrast zu Wolken dargestellt.

- SW+GRÜN-FILTER ist das Gegenstück zum Rotfilter. Hauttöne erscheinen dunkler, rötliche Unreinheiten werden dabei manchmal dunkel hervorgehoben.

- SEPIA erzeugt ein monochromes Bild mit Sepia-Ton und wird typischerweise mit einem Retro-Look assoziiert.

Abbildung 53: **Schwarz-Weiß-Optionen** im Vergleich. Von links nach rechts, erste Zeile: Schwarz-Weiß ungefiltert, mit Gelbfilter und mit Rotfilter. Zweite Zeile: Grünfilter, Sepia sowie die farbige Vorlage.

- ACROS ist Fujifilms neueste Schwarz-Weiß-Filmsimulation und eine attraktive Alternative zu den vier »normalen« SCHWARZWEISS-Voreinstellungen. ACROS steht ebenfalls in vier Varianten (ungefiltert sowie mit Gelb-, Rot- und Grünfilter) zur Verfügung. Er erinnert an Fujis gleichnamigen analogen Schwarz-Weiß-Film und entfaltet deshalb eine besonders filmische Wirkung. Dies hängt auch damit zusammen, dass die X-T2 bei ACROS abhängig vom eingestellten ISO-Wert eine analoge Filmkornsimulation betreibt, bei der das natürliche Bildrauschen vom Kameraprozessor in analog wirkendes »Filmkorn« umgestaltet wird. Dieses sogenannte Noise Shaping steht nur im kameraeigenen Konverter zur Verfügung und kann deshalb von keinem externen RAW-Konverter (wie Lightroom) nachvollzogen werden.

Abbildung 54: Selbst bei ISO 25600 sorgt das Noise Shaping der X-T2 bei der **ACROS-Filmsimulation** für einen natürlichen Filmkorn-Look mit hoher Auflösung und guter Detailwiedergabe.

Wenn Sie verschiedene Filmsimulationen ausprobieren und vergleichen möchten, sollten Sie dies mit dem eingebauten RAW-Konverter Ihrer X-T2 erledigen. Mit seiner Hilfe können Sie von jeder bereits gemachten Aufnahme weitere Versionen mit anderen JPEG-Einstellungen erstellen.

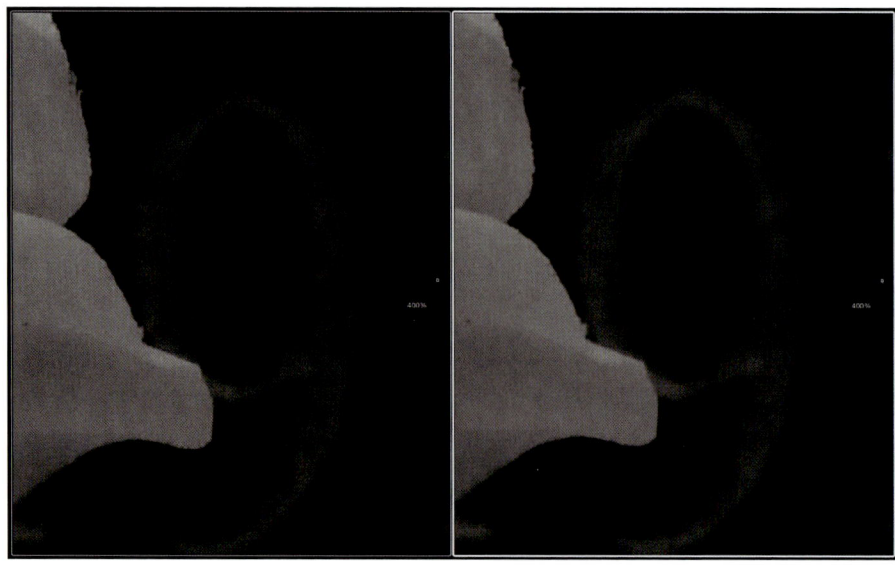

Abbildung 55: Die in ACROS fest eingebaute **analoge Filmkornsimulation** arbeitet ISO-abhängig und wandelt das natürliche Bildrauschen in analog wirkendes Filmkorn um. Schon bei Basis-ISO 200 ist der Korneffekt subtil zu sehen, hier im direkten Vergleich zwischen ACROS (links) und der herkömmlichen SCHWARZWEISS-Filmsimulation (rechts).

| TIPP 87 | Der **Körnungseffekt** |

Fujifilm ist für seine Filmsimulationen weltbekannt. Was liegt da näher, als ihren organischen Look weiter zu verbessern, indem man dem Bild die Simulation von analogem Filmkorn hinzufügt? Genau das macht der KÖRNUNGSEFFEKT in der X-T2, der in zwei Stufen (SCHWACH und STARK) zur Verfügung steht und für mehr Textur und Mikrokontrast sorgt.

Anders als ACROS verwandelt der KÖRNUNGSEFFEKT nicht Rauschen in Filmkorn, sondern legt – ISO-unabhängig – den Effekt über das bestehende Bild.

Das funktioniert mit allen Filmsimulationen, nur in Kombination mit ACROS sollte man den KÖRNUNGSEFFEKT nicht verwenden. Schließlich bringt ACROS bereits seinen eigenen ISO-abhängigen Korneffekt mit, sodass Sie im Endeffekt zwei Körnungen übereinanderlegen würden.

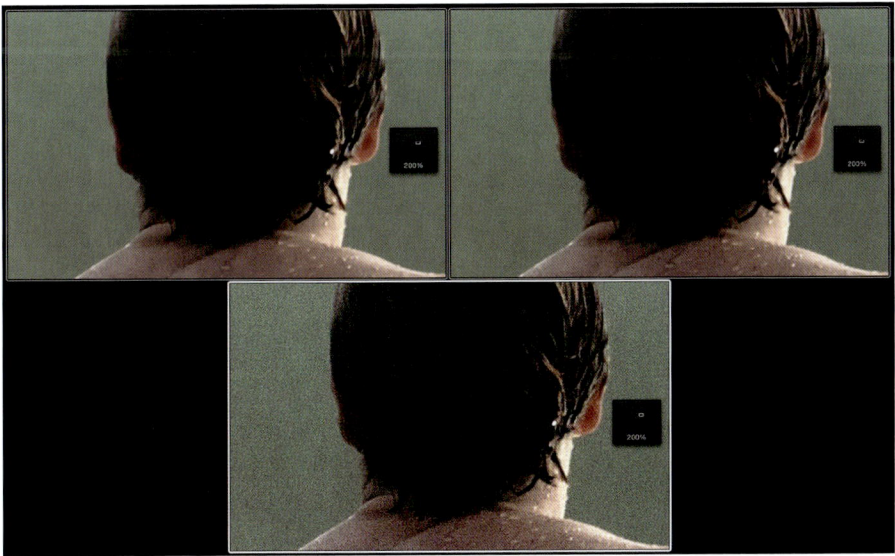

Abbildung 56: Der KÖRNUNGSEFFEKT fügt den JPEGs der X-T2 simuliertes analoges Filmkorn hinzu und sorgt damit für einen organischen Look mit mehr Textur und Mikrokontrast. Die hier abgebildeten Ausschnittvergrößerungen zeigen eine mit ISO 800 gemachte Aufnahme mit minimaler Rauschunterdrückung (links oben), mit schwachem Korneffekt und minimaler Rauschunterdrückung (rechts oben) und mit starkem Korneffekt und minimaler Rauschunterdrückung (unten Mitte).

Bitte denken Sie daran, dass der Bildprozessor Ihrer X-T2 in der Lage ist, normalerweise unerwünschtes Bildrauschen »attraktiv« erscheinen zu lassen, sodass ein Zusatz von simuliertem Filmkorn gerade bei Aufnahmen mit ISO-Einstellungen von 800 und höher oftmals gar nicht nötig ist. Stellen Sie stattdessen einfach die RAUSCHREDUKTION auf −4, um so viel »kornähnliches« Bildrauschen und so viele Details wie möglich zu erhalten.

Abbildung 57: **Künstliches Filmkorn** gibt es auch in einigen externen RAW-Konvertern und Effektprogrammen. Hier sehen Sie eine mit Lightroom bearbeitete Version unseres Beispielbilds, in die auch ein schwacher Körnungseffekt eingeflossen ist. Üblicherweise geht es bei simuliertem Filmkorn nicht darum, dass einzelne Körnchen im fertigen Bild bei normaler Betrachtung als Effekt erkennbar sind. Vielmehr soll die Körnung auf subtile Weise für einen organischeren Look mit mehr Textur und Mikrokontrast sorgen.

| TIPP 88 | **Kontrasteinstellungen:** Schatten und Glanzlichter getrennt bearbeiten |

Eine praktische Eigenheit der X-Serie ist die Möglichkeit, den Kontrast [48] für helle und dunkle Bildbereiche getrennt einzustellen – die entsprechenden Menüpunkte lauten TON LICHTER und SCHATTIER. TON. Mit diesen Einstellungen können Sie auch den Dynamikumfang von JPEGs erweitern, also Schatten anheben und Glanzlichter reduzieren. Umgekehrt können Sie den Kontrast für Schatten und Lichter zusammen oder getrennt erhöhen und den Dynamikumfang somit reduzieren.

Um den Kontrast einer Aufnahme insgesamt zu erhöhen, stellen Sie beide Parameter in Plusrichtung ein. Um den Kontrast insgesamt zu reduzieren, stellen Sie beide Parameter in Minusrichtung ein.

Bitte beachten Sie, dass eine weiche Einstellung bei den Glanzlichtern keine Informationen wiederherstellen kann, die in der RAW-Datei selbst nicht vorhanden sind, weil die Aufnahme zu hell belichtet wurde. Sind entsprechende Bildinformationen noch vorhanden, erhalten die Glanzlichter bei einer weichen Entwicklung jedoch mehr Textur.

Zum besseren Verständnis der Kontrastwirkung sollte man wissen, dass ein stärkerer Kontrast auch zu einem stärkeren Schärfeeindruck und satteren Farben führt. Umgekehrt erscheinen die Farben in einem kontrastarm entwickelten Bild entsprechend ungesättigt. Man darf Kontrasteinstellungen also nicht isoliert betrachten, sondern sollte ihre Wechselwirkung mit anderen JPEG-Einstellungen im Hinterkopf behalten.

Abbildung 58: **Schattenkontrasteinstellungen** im Vergleich: links SCHATTIER. TON +2, rechts die gleiche Aufnahme mit SCHATTIER. TON −2. Während dunkle Töne angehoben werden, bleiben die Lichter von der Einstellungsänderung unberührt.

Hauttöne – glatt oder mit Textur?	TIPP 89

Bei Hauttönen scheiden sich die Geister – nicht nur was die Farbgebung betrifft, sondern auch in puncto Detailzeichnung und Rauschunterdrückung.

Die Farbgebung von Hauttönen können Sie mithilfe der Einstellungen für den Weißabgleich und der Farbtonverschiebung (WA VERSCHIEBEN) vor oder nach der Aufnahme jederzeit anpassen. Die Glättung von Flächen und insbesondere von Hauttönen bei Aufnahmen mit hohen ISO-Werten steuern Sie wiederum am besten mit der JPEG-Einstellung RAUSCHREDUKTION: Verringern Sie die Rauschunterdrückung auf Werte zwischen −2 und −4 für weniger Hauttonglättung und mehr Details.

Wenn Sie mit den High-ISO-Ergebnissen aus der Kamera hinsichtlich Detailzeichnung und Glättung dennoch nicht zufrieden sind und keine Einstellungskombination Ihren Geschmack trifft, empfiehlt sich die Verwendung eines externen RAW-Konverters. Adobe Lightroom und Adobe Camera Raw (ACR) enthalten eigene Fuji-Farbprofile, mit denen Sie die Filmsimulationen Ihrer X-T2 am PC annähernd nachempfinden können.

Aufnahmen mit erweiterter Dynamik (DR200%, DR400%) müssen Sie in Lightroom/ACR jedoch auch bei Verwendung dieser Farbprofile weiterhin manuell anpassen, da die Tonwertkorrektur zur Wiederherstellung der Glanzlichter (im Gegensatz zu den JPEGs aus der Kamera) in Lightroom/ACR nicht automatisch erfolgt. Eine Möglichkeit, um Glanzlichter in Lightroom oder ACR wiederherzustellen, besteht darin, die Regler für Weiß und Lichter nach links zu verschieben. Die damit erzielten Ergebnisse sehen jedoch etwas anders aus als die mit der DR-Erweiterung erzeugten JPEGs aus der Kamera.

| TIPP 90 | **Farbsättigung** – bunt oder mit mehr Details? |

Wie Sie inzwischen wissen, ist die gewählte Filmsimulation zu einem guten Teil für den Kontrast und die Farbsättigung [49] in den resultierenden JPEGs verantwortlich. Deshalb steht die Auswahl einer Filmsimulation beim Einstellen der JPEG-Parameter auch meistens am Anfang. Nachgeschaltet kann es sinnvoll sein, die Farbsättigung der ausgewählten Filmsimulation mithilfe der FARBE-Einstellung zu regeln.

Dabei geht es häufig gar nicht darum, die »Buntheit« der Aufnahme einzustellen, sondern darum, Details wieder sichtbar zu machen, die sonst von übersteuerten Farbkanälen verdeckt würden. Gerade »satte« Filmsimulationen wie VELVIA neigen dazu, einzelne RGB-Farbkanäle (insbesondere Rot) zu übersteuern. Ist dies bei einem Motiv der Fall, gehen Details und Texturen verloren, sodass es ratsam ist, die Farbsättigung zurückzunehmen.

Abbildung 59: **Farbsättigung:** links eine PROVIA-Aufnahme mit FARBE –4, rechts mit FARBE +4

| Der passende **Farbraum: sRGB oder Adobe RGB?** | TIPP 91 |

Ein Thema voller Missverständnisse ist die Wahl des geeigneten Farbraums. Ein Farbraum [50] ist die Gesamtheit der darstellbaren Farbtöne eines farbgebenden Modells. Die X-T2 bietet hier zwei Optionen: sRGB [51] und Adobe RGB [52]. Beide Farbräume sind gleich groß, was die Anzahl der in ihnen enthaltenen Farben betrifft. Es sind also jeweils 16,7 Mio. unterschiedliche Farbtöne.

Der Unterschied liegt somit nicht in der Anzahl der Farben, sondern vielmehr in der Größe der Bereiche (Gamuts) [53], die von den Farbräumen mit ihren jeweils 16,7 Mio. Farben abgedeckt werden. Adobe RGB deckt einen größeren Bereich als sRGB ab und gilt deshalb auch als ein »erweiterter Farbraum«. Dementsprechend sind bei Adobe RGB die Lücken zwischen benachbarten Farbtönen größer, da die 16,7 Mio. verfügbaren Farbtöne eine größere Fläche abdecken als bei sRGB.

Sie sehen: »Erweitert« bedeutet nicht automatisch »besser« – vor allem dann nicht, wenn man die erweiterten Farben vielleicht gar nicht braucht oder mit der vorhandenen Ausrüstung nicht darstellen kann, gleichzeitig aber größere Lücken bei den Farben in Kauf nehmen muss, die man darstellen könnte.

- **sRGB** ist ein weit verbreiteter Standardfarbraum, der von nahezu allen Bildschirmen und Endgeräten (Laptops, Computerbildschirmen, Fernsehern, Tablets, Smartphones etc.) unterstützt wird. sRGB ist bei der Entwicklung von RAW-Dateien deshalb auch der bevorzugte Farbraum, wenn die Ergebnisse im Internet gezeigt, per E-Mail verschickt oder einfach nur mit möglichst vielen anderen Geräten kompatibel sein sollen.

- **Adobe RGB** ist ein auf den kommerziellen Vierfarbdruck (CMYK) abgestimmter Farbraum. Um mit Adobe RGB entwickelte JPEGs oder TIFF-Dateien korrekt darstellen zu können, ist es unerlässlich, einen kalibrierten Bildschirm zu verwenden, der erweiterte Farbräume unterstützt. Die dabei erzielten Bildergebnisse werden auf anderen Endgeräten nur dann korrekt dargestellt, wenn deren Bildschirme ebenfalls Adobe RGB als Farbraum unterstützen.

Grundsätzlich sollten Sie Ihren Bildschirm kalibrieren, etwa mit einem Spyder-Messsensor von Datacolor. Unkalibrierte Bildschirme sind für farbtreues Arbeiten nicht gut geeignet. Dabei sollten Sie bedenken, dass auch EVF und LCD Ihrer X-T2 nur einen ungefähren und keineswegs kalibrierten sRGB-Bildeindruck vermitteln. Belastbare Ergebnisse liefert ausschließlich ein guter, kalibrierter Bildschirm, der den verwendeten Farbraum vollumfänglich unterstützt.

Mein Rat: Verwenden Sie im Zweifelsfall sRGB. Adobe RGB und andere erweiterte Farbräume, die von externen RAW-Konvertern angeboten werden, haben selbstverständlich ihre Berechtigung, sind aber in der Regel nur innerhalb eines auf sie abgestimmten, mit kalibrierten Geräten und von einem Farbmanagement-System kontrollierten Workflows sinnvoll (etwa bei der Erstellung von Druckunterlagen). Wer seine Aufnahmen einfach nur anderen Menschen zeigen möchte, ist mit sRGB besser beraten, da dieser Farbraum auf nahezu allen Bildschirmen und Druckern ohne größere Verluste interpretiert werden kann.

Vermeiden Sie erweiterte Farbräume insbesondere dann, wenn Ihr Bildschirm diese gar nicht unterstützt. Die Bildschirme meiner Laptops etwa entsprechen laut ihrer Spyder-Kalibrierung zu fast 100 % dem sRGB-Farbraum. Ich könnte die darüber hinausgehenden Farbtöne eines erweiterten Farbraums dort also gar nicht sehen und müsste am Rechner somit Farben blind bearbeiten – mit unvorhersehbaren Ergebnissen.

| Die richtigen **Benutzerprofile** | TIPP 92 |

Wie Sie inzwischen wissen, können Sie mit BILDQUALITÄTS-EINSTELLUNG > CUST BEARB/SPEICH bis zu sieben Benutzerprofile verwalten, um häufig verwendete Sets mit Kameraeinstellungen schnell abrufen zu können. Benutzerprofile können die folgenden Einstellungen enthalten:

- Dynamikbereich
- Filmsimulation
- Körnungseffekt
- Weißabgleich
- Ton Lichter
- Schattier. Ton
- Farbe
- Schärfe
- Rauschreduktion

Wie Sie sehen, handelt es sich um die bekannten JPEG-Parameter plus die Einstellungen für den Dynamikbereich.

Die sieben Benutzerprofile sind *keine* Kameramodi, sondern Speicherplätze, in denen Sie sieben Sets aus den soeben genannten Einstellungen ablegen und bei Bedarf schnell aufrufen können (zum Beispiel über das Quick-Menü), um die bestehenden Einstellungen mit denen des ausgewählten Sets zu überschreiben. Die Kamera kennt nur einen Modus, der die jeweils aktuellen Einstellungen enthält (im Quick-Menü verwirrenderweise BASE genannt). Benutzerprofile bieten die Möglichkeit, solche Änderungen schneller durchzuführen. Sie können die bisherigen Kameraeinstellungen per Knopfdruck mit denen aus einem aufgerufenen Benutzerprofil ersetzen und müssen nicht jeden Parameter mühsam einzeln umstellen.

Am schnellsten geht das, wie gesagt, über das Quick-Menü. Gehen Sie folgendermaßen vor, um Ihre bisherigen Kameraeinstellungen mit denen aus einem der sieben Benutzerprofile (Sets) zu ersetzen:

- Rufen Sie das Quick-Menü mit der Q-Taste auf und wählen Sie links oben eines der sieben Benutzerprofile (C1 bis C7) aus.

- Sie können die aufgerufenen Einstellungen nun bei Bedarf im Quick-Menü anpassen. Änderungen gegenüber dem aufgerufenen Profil werden im Quick-Menü mit einem roten Punkt markiert.

- Wenn Sie mit Ihren Einstellungen zufrieden sind, drücken Sie die OK-Taste oder den Auslöser halb durch. Die gewählten Einstellungen sind nun Ihre neuen Kameraeinstellungen (BASE). Die X-T2 zeigt Ihnen hier außerdem an, welches Benutzerprofil als letztes abgerufen wurde (etwa C1).

Welche Benutzerprofile machen in der Praxis Sinn? Darauf gibt es keine allgemeine Antwort, aber ich habe ein paar Tipps für Sie:

- Speichern Sie in einem der sieben Benutzerprofile (etwa in C1) die Einstellungen, die Sie als die Standardeinstellungen für Ihre X-T2 betrachten. Auf diese Weise können Sie Ihre Kamera jederzeit schnell in diesen Standardzustand zurücksetzen, indem Sie das Profil C1 aufrufen und bestätigen (und die bisherigen Einstellungen damit überschreiben).

- Als reinrassiger RAW-Shooter können Sie ein Profil mit Dynamikumfang DR100% anlegen, das TON LICHTER und SCHATTIER. TON jeweils auf −2 einstellt und die Filmsimulation PRO NEG. STD verwendet. Auf diese Weise zeigen Live-View und Live-Histogramm den größtmöglichen Kontrastumfang an und simulieren damit quasi den erweiterten Dynamikumfang einer RAW-Datei.

- Wenn Sie nicht nur in Farbe, sondern auch schwarz-weiß fotografieren möchten, bietet sich ein Profil für Schwarz-Weiß-Aufnahmen an – etwa mit einer der acht Schwarz-Weiß-Filmsimulationen, minimaler Rauschunterdrückung und mehr Kontrast.

Um Benutzerprofile zu verwalten, können Sie als Alternative zum BILDQUALITÄTS-EINSTELLUNG-Menü auch einfach das Quick-Menü aufrufen und dann die Q-Taste erneut drücken und so lange gedrückt halten, bis das Menü zum Bearbeiten und Speichern von Benutzerprofilen erscheint. Dort können Sie für jedes der sieben Profile entweder alle Parameter einzeln ändern oder die gerade aktuellen Kameraeinstellungen mit AKT. EINST SPEICH in das aufgerufene Profil (BENUTZERDEFINIERT 1–7) übertragen.

Arbeiten mit dem eingebauten RAW-Konverter	TIPP 93

Der in der X-T2 eingebaute RAW-Konverter erfüllt vor allen Dingen zwei Aufgaben:

- Sie können von einer bereits gemachten Aufnahme weitere Versionen herstellen, etwa eine Schwarz-Weiß-Version.

- Sie können bereits gemachte Aufnahmen in einem zweiten Durchlauf mit angepassten JPEG-Einstellungen verbessern. Man darf davon ausgehen, dass ein Benutzer *vor* jeder einzelnen Aufnahme nicht immer genau weiß, welche Filmsimulation, Kontrasteinstellung, Farbeinstellung, Schärfeeinstellung, Rauschunterdrückung und welcher Weißabgleich bzw. welche Weißabgleichverschiebung optimal zum Motiv passen. Aber selbst *wenn* ein Fotograf über diese seherischen Fähigkeiten verfügen würde, dürfte ihm in vielen Situationen die Zeit fehlen, all dies zwischen dem Erkennen des Motivs und dem Drücken des Auslösers optimal einzustellen. Mit dem eingebauten RAW-Konverter können Sie solche Anpassungen ohne Zeitdruck nachträglich vornehmen, verschiedene Varianten ausprobieren und fertige JPEGs zu Hause an einem großen kalibrierten Monitor betrachten, der aussagekräftigere Ergebnisse anzeigt als der kleine Kamerabildschirm.

Der eingebaute Konverter kann Ihnen auch dabei helfen, Bildfehler nachträglich zu verbessern:

- Verwenden Sie die PUSH/PULL-Entwicklung, um zu dunkle (unterbelichtete) Aufnahmen aufzuhellen (Push) oder zu helle (überbelichtete) Aufnahmen abzudunkeln (Pull).

- Verwenden Sie die Kontrasteinstellungen (SCHATTIER. TON und TON LICHTER), um Schatten aufzuhellen (und damit Schattendetails sichtbar zu machen) oder Glanzlichter zurückzuholen (und damit Lichterdetails deutlicher herauszuarbeiten). Sie können diese Funktionen auch mit der PUSH/PULL-Entwicklung kombinieren. Für JPEGs mit einem besonders großen Dynamikumfang und einer gleichmäßigen Tonwertverteilung stellen Sie beide Kontrastparameter auf −2 ein. Die resultierenden JPEGs sehen dann zwar oft etwas langweilig aus, eignen sich jedoch hervorragend für die Nachbearbeitung am PC. Wenn Sie möglichst naturgetreue Farben wünschen (im Gegensatz zu den von Fuji sonst eingesetzten »Memory Colors«), sollten Sie außerdem PRO NEG. STD als Filmsimulation einstellen.

- Mit FARBE steuern Sie die Farbsättigung der ausgewählten Filmsimulation. Dabei bietet es sich manchmal an, die Sättigung zu reduzieren, um bei Aufnahmen mit übersteuerten Farbkanälen mehr Details herauszuarbeiten.

- Verändern Sie SCHÄRFE und RAUSCHREDUKTION gegenläufig (= mehr Schärfe und gleichzeitig weniger Rauschreduktion), um Details und Texturen insbesondere auch bei Aufnahmen mit hohen ISO-Werten stärker herauszuarbeiten.

- Verändern Sie den Weißabgleich mit einem Preset oder einer manuellen Kelvin-Einstellung, um eine wärmere oder kältere Farbwirkung zu erzielen. Mit WA VERSCHIEBEN können Sie außerdem Farbstiche ausbügeln oder gezielt einführen (etwa für einen gewollten Retro-Look).

- Überprüfen Sie die Wirkungsweise des Lens Modulation Optimizer (LMO), indem Sie ein JPEG einmal mit und einmal ohne LMO entwickeln und die Ergebnisse später am PC vergleichen.

- Falscher Farbraum? Kein Problem: Entwickeln Sie das JPEG einfach mit dem jeweils anderen Farbraum neu.

Um RAW-Dateien in der Kamera zu entwickeln, die sich nicht mehr auf der Speicherkarte befinden, müssen Sie die Dateien von Ihrem Rechner zurück auf die Karte kopieren, und zwar in den Ordner, wo die X-T2 aktuell neue Aufnahmen abspeichert. Bei einer frisch formatierten Karte sollten Sie also vorher mindestens eine Aufnahme machen, ehe Sie die Speicherkarte in den Rechner legen und die RAW-Dateien überspielen.

Das Verzeichnis, in das Sie die RAW-Dateien auf der Karte kopieren müssen, liegt im DCIM-Ordner und trägt den Namen xxx-FUJI, wobei »xxx« eine dreistellige Zahl ist, die von der Anzahl der Aufnahmen abhängt, die Sie mit Ihrer Kamera bereits gemacht haben (Beispiel für einen Bildordnernamen: 104-FUJI).

Bitte denken Sie daran, dass eine Dateiübertragung vom Rechner auf die Kamera über ein USB-Kabel nicht möglich ist. Sie müssen die Karte direkt in den Rechner oder einen mit dem Rechner verbundenen Kartenleser legen.

Und: Die X-T2 kann keine RAW-Dateien von anderen Kameramodellen entwickeln, auch nicht solche von anderen Vertretern der Fuji X-Serie. Sie können jedoch RAWs in Ihrer X-T2 entwickeln, die mit einer anderen X-T2 als Ihrer eigenen aufgezeichnet wurden. In diesem Fall erscheint auf dem Display ein symbolisches Geschenkpaket als Hinweis darauf, dass die Aufnahme mit einer anderen Kamera gemacht wurde.

Abbildung 60: Der **eingebaute RAW-Konverter** in Aktion: links eine überbelichtete Aufnahme mit Standardeinstellungen und DR400%, rechts dieselbe Aufnahme, jedoch im eingebauten RAW-Konverter um −2 EV gepullt sowie mit maximiertem Schattenkontrast (SCHATTIER. TON +4) und einer auf VELVIA geänderten Filmsimulation.

RAW-Konverter im Vergleich	TIPP 94

Bisher haben wir uns beim Thema RAW vor allem mit dem eingebauten RAW-Konverter in der X-T2 beschäftigt. Dabei wurde klar, dass dieser interne Konverter eine praktische Funktion gerade auch für JPEG-Shooter ist: Der eingebaute RAW-Konverter *ist* schließlich die JPEG-Engine der Kamera –

er wirft JPEGs aus und arbeitet mit den gleichen JPEG-Einstellungen wie das BILDQUALITÄTS-EINSTELLUNG-Menü der X-T2. Wer als JPEG-Shooter auf den eingebauten RAW-Konverter verzichtet, schöpft nur einen kleinen Teil der Möglichkeiten aus. Schließlich kann auch der beste Fotograf die optimalen JPEG-Parameter für jede einzelne Aufnahme nicht immer im Vorfeld kennen und einstellen.

Was aber ist mit überzeugten RAW-Shootern, die an der JPEG-Engine der Kamera vielleicht gar kein Interesse haben? Auch sie können den eingebauten RAW-Konverter nutzen, werden jedoch schnell an seine Grenzen stoßen. Da ist zunächst das Ausgabeformat: JPEG ist nicht verlustfrei komprimiert und bietet eine Informationstiefe von nur 8 Bit pro RGB-Farbkanal. Überzeugte RAW-Shooter erwarten jedoch nicht nur 16 Bit pro Farbkanal, sondern auch ein verlustfreies Format wie TIFF, das für die weitere Bearbeitung in Bildverarbeitungsprogrammen besser geeignet ist.

- Ein solches Programm liefert Fujifilm zusammen mit der X-T2 kostenlos mit: **RAW File Converter EX** ist eine ältere Version der Software **Silkypix**. Wenn Sie mit dieser Software ernsthaft arbeiten möchten, empfehle ich Ihnen ein Upgrade auf die neuere Version 7 – bislang gab der Hersteller bzw. deutsche Distributor [54] Benutzern von RAW File Converter EX auf Anfrage einen Rabatt gegenüber dem Neukauf einer aktuellen Silkypix-Version. Die Version 2 von RFC EX unterstützt auch Fujis kamerainterne Filmsimulationen und ist von Fujifilm kostenlos als Download [55] erhältlich.

- Der bekannteste und beliebteste externe RAW-Konverter kommt von Adobe und heißt **Lightroom**. Die aktuelle Version unterstützt nicht nur die X-T2, sondern enthält auch Farbprofile für Fujis eingebaute Filmsimulationen. Photoshop-Benutzer können alternativ auch **Adobe Camera Raw** verwenden, das in der aktuellen Version ebenfalls die Fuji-Filmsimulationen emuliert und in Sachen RAW-Entwicklung mit Lightroom praktisch identisch ist.

- Ein weiterer professioneller RAW-Konverter hört auf den Namen **Capture One Pro** und ist ähnlich leistungsstark wie Lightroom. Capture One besitzt eine beachtliche Fangemeinde und hat seinen Ursprung im professionellen digitalen Mittelformat: Hersteller Phase One baut auch die gleichnamigen Kameras und Kamerarückteile.

- Derzeit ebenfalls nur für Mac OS ist die Software **Iridient Developer** von Iridient Digital [56] erhältlich. Dieser Konverter wird aufgrund seiner flexiblen Schärfungsalgorithmen insbesondere von Landschaftsfotografen geschätzt, eignet sich aber selbstverständlich auch für alle anderen Motive. Iridient Developer bildet Fujis Filmsimulationen ebenfalls nach. Eine abgespeckte Windows-Version von Iridient war im Mai 2016 im frühen Testbetrieb, konnte jedoch für dieses Buch noch nicht berücksichtigt werden.

- **Photo Ninja** von PictureCode [57] brilliert ebenfalls mit Schärfe und Details und ist für Mac OS und Windows gleichermaßen erhältlich. Photo Ninja enthält außerdem ein Modul für adaptive Tonwertkorrektur und besitzt einen speziellen Algorithmus für die Wiederherstellung von ausgefressenen Lichtern.

Welcher RAW-Konverter ist für Sie der richtige? Probieren Sie es einfach selbst aus! Von allen genannten Programmen gibt es kostenlose Demoversionen, die über einen Zeitraum von mehreren Wochen mit dem vollen Funktionsumfang getestet werden können.

Um Ihnen den Einstieg zu erleichtern, möchte ich Ihnen auf den folgenden Seiten einen kurzen Überblick darüber geben, wie die hier vorgestellten RAW-Konverter mit einigen Schlüsselfunktionen Ihrer X-T2 umgehen. Dabei handelt es sich um folgende Features:

- Fujifilm-Filmsimulationen

- Aufnahmen mit erweiterter Dynamik (DR-Funktion)

- digitale Objektivkorrekturen

Wie Sie gleich sehen werden, gibt es hier bei den genannten RAW-Konvertern zum Teil große Unterschiede.

FUJIFILM-FILMSIMULATIONEN

Provia, Astia, Velvia, Classic Chrome, Pro Neg. Hi und Pro Neg. Std bilden das Farbgerüst der X-T2. Externe RAW-Konverter behandeln Farben jedoch anders und die Ergebnisse sehen deshalb oft entsprechend unterschiedlich aus.

- Der **eingebaute RAW-Konverter** ist die Referenz für Fujis Filmsimulationen, an denen sich externe Konverter messen lassen müssen.

- **RAW File Converter EX** und **Silkypix** enthalten eine Reihe von eigenen Filmsimulationen, die allerdings nicht mit denen in der X-T2 übereinstimmen. Die aktuelle Version 2 von RFC EX bildet die Filmsimulationen der X-T2 jedoch weitgehend nach, basiert aber nach wie vor auf einer alten (= veralteten) Version von Silkypix. Im aktuellen Silkypix stehen die Filmsimulationen ebenfalls zur Verfügung.

- **Adobe Lightroom** und **Adobe Camera Raw** enthalten Kameraprofile mit den Filmsimulationen der X-T2, die weitgehend mit den Originalen aus der Kamera übereinstimmen – zumindest dann, wenn die RAW-Datei mit DR100% (also ohne Dynamikerweiterung) aufgenommen wurde.

- **Capture One Pro** enthält keine offiziellen Filmsimulationen, es gibt jedoch die Möglichkeit, eigene Profile zu erstellen. Verschiedene User haben dies mehr oder weniger erfolgreich praktiziert und bieten entsprechende Dateien in Kameraforen oder Blogs zum Herunterladen an.

- **Iridient Developer** bildet Fujis Filmsimulationen in vorbildlicher Weise nach. Allerdings standen im Mai 2016 nur Simulationen für Kameras mit älteren Sensoren als dem der X-T2 zur Verfügung. Diese sind jedoch auch für die X-T2 verwendbar, außerdem hat der Entwickler von Iridient Developer angekündigt, eine neue Version der Filmsimulationen speziell für die Kamerageneration der X-T2 zu entwickeln.

- **Photo Ninja** unterstützt keine Fuji-Filmsimulationen. Wie Brian Griffith von Iridient legt auch Jim Christian von PictureCode ein besonderes Augenmerk auf die Unterstützung von Fuji-Kameras mit X-Trans-Sensor.

ERWEITERTE DYNAMIK (DR200%, DR400%)

Die DR-Funktion der X-T2 erzeugt RAW-Dateien, die zum Schutz von Glanzlichtern um eine (DR200%) oder zwei (DR400%) Blendenstufen knapper als angezeigt belichtet werden, sodass bei der Verarbeitung solcher RAWs eine selektive digitale Push-Entwicklung (Tonwertkorrektur) notwendig ist, damit die fertigen Bildergebnisse nicht zu dunkel aussehen.

- Der **eingebaute RAW-Konverter** sorgt automatisch für eine fehlerfreie Tonwertkorrektur und ist somit die Referenz für alle externen Konverter.

- **Silkypix** und **RAW File Converter EX** erkennen knapper belichtete RAW-Dateien mit DR-Erweiterung anhand der Metadaten in den EXIF-Informationen [16] und führen eine automatische Anpassung der Belichtung um eine bzw. zwei Blendenstufen durch. Gleichzeitig wird auch die eingebaute Dynamikerweiterungsfunktion des Programms um eine oder zwei Blendenstufen höher eingestellt, um die durch den Push verloren gegangenen Glanzlichter wiederherzustellen. Silkypix/RFC EX ist bisher der einzige hier vorgestellte externe Konverter, der die Dynamikerweiterungsfunktion der X-T2 ohne manuelles Eingreifen des Benutzers *automatisch* emulieren kann. Doch freuen Sie sich nicht zu früh: Die Ergebnisse, die Silkypix mit seiner eigenen DR-Funktion erzielt, sind nicht mit denen aus der Kamera identisch und tendenziell auch leider nicht so attraktiv.

- Auch **Lightroom** und **Adobe Camera Raw** erkennen RAWs, die mit der DR-Funktion der X-T2 aufgenommen wurden, und führen bei der Entwicklung automatisch einen Push um eine oder zwei Blendenstufen durch. Die dabei verloren gehenden Glanzlichter muss der Benutzer mithilfe der fünf Belichtungsregler und der Gradationskurve des Programms in Eigenregie wiederherstellen, es gibt dafür keine Automatik. Die per Lightroom mithilfe der manuellen Tonwertkorrektur erzielten Ergebnisse sehen in den meisten Fällen anders aus als die Ergebnisse, die mit der DR-Funktion des in die X-T2 eingebauten RAW-Konverters erzielt werden. Schlimmer noch: DR200% wird nicht erkannt, wenn die Aufnahme im Modus DR-Auto erstellt wurde. Das Bild sieht somit nach dem Import um eine Blendenstufe (1 EV) unterbelichtet aus, sodass der

Belichtungsregler erst einmal 1 EV nach rechts geschoben muss, um die korrekte Belichtung anzuzeigen. Hoffentlich wird dieser Fehler – unter dem auch die X-Pro2 leidet – irgendwann behoben werden.

- **Capture One Pro** arbeitet ähnlich wie Lightroom und sorgt beim Importieren automatisch für einen passenden digitalen Push. Zur Wiederherstellung der dabei ins Off gedrückten Glanzlichter bietet Capture One einen entsprechenden Regler an. Die damit erzielten Ergebnisse entsprechen jedoch ebenfalls nicht immer denen aus dem eingebauten RAW-Konverter.

- **Iridient Developer** ist ein »good citizen« und arbeitet ähnlich wie Capture One: Die RAW-Datei wird beim Import digital gepusht, um die knappere Belichtung auszugleichen. Zur Wiederherstellung der Glanzlichter gibt es einen simplen Regler. Die so erzielten Ergebnisse sehen den JPEGs aus dem eingebauten RAW-Konverter dabei erfreulich (und häufig sogar zum Verwechseln) ähnlich.

- **Photo Ninja** verfügt über eine automatische adaptive Tonwertkorrektur und sorgt damit unabhängig von der DR-Einstellung der Kamera stets für eine korrekt belichtete RAW-Entwicklung, deren Ergebnis man nach dem Import selbstverständlich manuell anpassen kann.

DIGITALE OBJEKTIVKORREKTUREN
Digitale Objektivkorrekturen bestehen aus vier Bereichen: Devignettierung, Verzeichnungskorrektur, Entfernen chromatischer Aberrationen und Lens Modulation Optimizer (LMO). Die dafür benötigten Informationen legt die X-T2 in den Metadaten jeder RAW-Datei ab, sodass sie im Prinzip nicht nur dem eingebauten RAW-Konverter, sondern auch externen Konvertern für digitale Korrekturen zur Verfügung stehen.

- Der **eingebaute RAW-Konverter** unterstützt naturgemäß alle vier genannten Korrekturen. Dabei ist zu beachten, dass einige besonders hochwertige Festbrennweiten (etwa XF14mmF2.8, XF16mmF1.4, XF-23mmF1.4, XF35mmF1.4, XF56mmF1.2 und XF90mmF2) keine digitale Verzeichniskorrektur benötigen, da sie bereits optisch korrigiert sind. Der

LMO wiederum steht nur bei XF-Objektiven zur Verfügung, XC-Objektive unterstützen keine LMO-Funktion.

- **Silkypix** und **RAW File Converter EX** erkennen die in der RAW-Datei abgelegten Korrekturdaten für Verzeichnung, Vignettierung und chromatische Aberrationen und wenden sie automatisch an. Es ist jedoch (Stand: Silkypix 7) nicht möglich, die Anwendung der optischen Korrekturen ganz oder teilweise zu unterbinden oder zu steuern. Der LMO wird bislang nicht unterstützt.

- **Lightroom** und **Adobe Camera Raw** interpretieren die RAW-Metadaten ebenfalls und führen die entsprechenden digitalen Korrekturen automatisch durch. Auch hier ist es derzeit nicht möglich, die Korrekturen auszuschalten oder ihre Intensität zu steuern. Der LMO wird bislang nicht unterstützt. Es ist jedoch möglich, eigene Korrekturprofile anzulegen und diese *zusätzlich* zu den Metadatenkorrekturen anzuwenden. Es ist nicht möglich, die Metadatenkorrekturen durch andere Korrekturprofile zu *ersetzen*.

- **Capture One Pro** erkennt die in der RAW-Datei abgelegten Korrekturdaten ebenfalls, bietet jedoch die Möglichkeit, Devignettierung und Verzeichnungskorrektur in ihrer Intensität zu steuern sowie auf einzelne Korrekturen ganz zu verzichten. Der LMO wird nicht unterstützt.

- **Iridient Developer** erkennt die Korrekturmetadaten für Verzeichnung, Vignettierung und chromatische Aberrationen. Diese Korrekturen können einzeln ein- und ausgeschaltet werden. Darüber hinaus ist es auch möglich, entsprechende Korrekturen manuell zu steuern. Der LMO wird nicht unterstützt.

- **Photo Ninja** ignoriert bislang die Metadaten für Objektivkorrekturen, bietet jedoch die Möglichkeit, entsprechende Korrekturen manuell durchzuführen. Außerdem ist es möglich, basierend auf geeigneten Testaufnahmen für jedes Objektiv ein eigenes Korrekturprofil anzulegen.

Die von externen RAW-Konvertern automatisch durchgeführten Korrekturen entsprechen im Ergebnis aufgrund unterschiedlicher Interpretationen der Metadaten nicht immer exakt den JPEGs aus der Kamera. Sie können die Metadaten als Regieanweisungen verstehen, die von den unterschiedlichen Akteuren zwar gleich verstanden, jedoch unterschiedlich umgesetzt werden.

Jeder RAW-Konverter ist ein Individuum mit Stärken und Schwächen. Es gibt keinen Konverter, den man pauschal als Favorit empfehlen könnte, und es gibt unter den genannten auch keinen, der in allen Bereichen hinter die anderen zurückfällt. Letztlich kommt es darauf an, einen Konverter zu verwenden, der zu Ihnen und Ihrer Arbeitsweise passt. Im Übrigen ist es nicht verboten, mehr als nur einen Konverter einzusetzen. Ich selbst verwende bis zu acht verschiedene Programme parallel.

Abbildung 61: **Digitale Verzeichnungskorrektur:** Diese mit dem Zeiss Touit 1.8/32 gemachte Aufnahme sehen Sie hier links ohne, rechts mit eingeschalteter Verzeichnungskorrektur in einem externen RAW-Konverter.

Wichtig: *Zum Zeitpunkt der Fertigstellung dieses Manuskripts war Capture One Pro nicht in der Lage, komprimierte RAW-Dateien aus der X-T2 und X-Pro2 zu öffnen.*

Weißabgleich und JPEG-Einstellungen   173

| EXIF-Metadaten anzeigen | TIPP 95 |

Digitale Kameras speichern Informationen über jedes aufgenommene Bild in sogenannten EXIF-Metadaten [16] ab. Jede mit der X-T2 erzeugte JPEG- oder RAW-Datei enthält deshalb zahlreiche Informationen, die Ihrem RAW-Konverter oder Bildbearbeitungsprogramm helfen können, das Bild besser zu interpretieren.

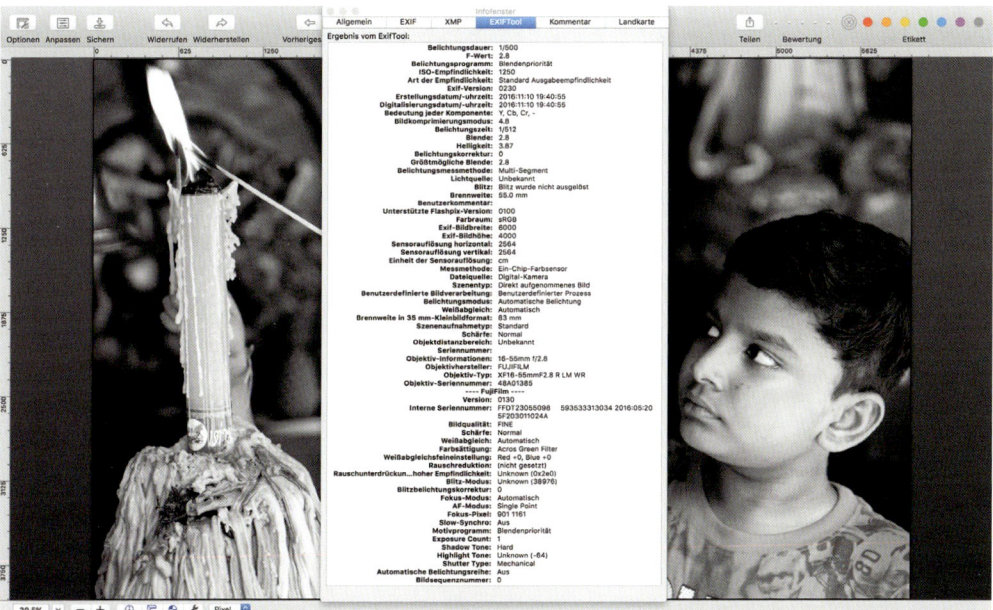

Abbildung 62: **ExifTool**-Auszug im Programm GraphicConverter: Neben den üblichen Belichtungsdaten enthüllt das ExifTool auch herstellerspezifische Maker Notes.

Die EXIF-Daten enthalten neben den für eine Aufnahme verwendeten Belichtungsparametern und Kameraeinstellungen (ISO, Blende, Belichtungszeit, Belichtungsmessmethode, AF-Modus und AF-Feld, Weißabgleich, digitale Objektivkorrekturdaten, DR- und JPEG-Einstellungen etc.) weitere herstellerspezifische Informationen, etwa die interne Seriennummer der Kamera sowie Typ, Brennweite und Seriennummer des verwendeten Objektivs. Diese sogenannten Maker Notes können Sie mit einem geeigneten

EXIF-Viewer auch selbst einsehen. Sie benötigen dafür lediglich eine Software, die auf dem Hilfsprogramm ExifTool basiert. Für Windows-Benutzer ist dies beispielsweise das Programm ExifToolGUI, für Mac-OS-User das beliebte Programm GraphicConverter.

2.6 SERIENAUFNAHMEN, MOVIES, MOTION PANORAMA UND SELBSTAUSLÖSER

Hinter dem DRIVE-Einstellrad Ihrer X-T2 verbergen sich allerhand Funktionen – einige sind ausgesprochen praktisch, andere eher verzichtbar.

Zu den eher verzichtbaren unter den Bracketing-Funktionen zählen:

- Filmsimulations-Bracketing
- ISO-Bracketing
- DR-Bracketing
- Weißabgleich-Bracketing

Warum verzichtbar? Diese Funktionen stehen Ihnen nur dann zur Verfügung, wenn Sie die RAW-Funktion der Kamera ausschalten und ausschließlich JPEGs aufnehmen, die X-T2 also wie eine Sofortbildkamera einsetzen. Dass Sie die Vorzüge der X-T2 nur mit FINE+RAW vollends ausschöpfen können, haben wir mehrfach erörtert – und zwar unabhängig davon, ob Sie ein überzeugter JPEG-Shooter, ein fanatischer RAW-Shooter oder (wie ich) irgendwo dazwischen angesiedelt sind.

- MEHRFACHBELICHT. (bei der es sich tatsächlich nur um eine Doppelbelichtung handelt) ist ein eher simples Feature, das man am PC in einem Bildverarbeitungsprogramm wie Photoshop besser umsetzen kann.
- ERWEITER. FILTER erzeugen eine Reihe von Spezialeffekten, an denen sich die meisten User recht schnell sattsehen. Als JPEG-Spielerei sind die Effekte jedoch durchaus akzeptabel. Probieren Sie die Wirkung einfach selbst aus!

Abbildung 63: MINIATUR ist ein beliebter Filter, der die Welt bei Aufnahmen von oben wie Spielzeuglandschaften erscheinen lässt.

| Arbeiten mit der **Serienbildfunktion** | TIPP 96 |

Die Serienbildfunktion (»Continuous«) erleichtert das Fotografieren von Action-Szenen, indem die Kamera beim Durchdrücken des Auslösers nicht nur ein Bild, sondern in schneller Folge mehrere Aufnahmen hintereinander macht, und zwar so lange, wie Sie den Auslöser gedrückt halten (oder bis der Aufnahmepuffer der Kamera gefüllt ist).

Die X-T2 bietet Ihnen zwei Geschwindigkeiten zur Auswahl: drei, vier oder fünf Bilder pro Sekunde (CL) und acht, elf oder vierzehn Bilder pro Sekunde (CH).

Die beiden Varianten arbeiten grundsätzlich gleich. Das heißt konkret:

- Weißabgleich, Autofokus, DR-Einstellung und Belichtung (Blende, Belichtungszeit, ISO) werden für das erste Bild der Serie festgelegt und dann auf alle weiteren Bilder der Serie übertragen. Alle Aufnahmen der Serie werden also mit denselben Einstellungen für Weißabgleich, Autofokus, DR-Einstellung und Belichtung gemacht.

- Eine *Ausnahme* von dieser Regel bildet der Autofokusmodus AF-C in Kombination mit dem Serienbildmodus: In dieser Konfiguration bestimmt die Kamera den Autofokus vor jeder Serienaufnahme neu. Ist BLENDE AE ausgeschaltet, wird auch die Belichtung vor jeder Aufnahme neu ermittelt. Weißabgleich und DR-Einstellung werden hingegen stets von der ersten Aufnahme für alle weiteren Bilder der Serie übernommen.

Sie können die langsame Serienbildfunktion (CL) im Prinzip auch zusammen mit AF-C und eingeschalteter Gesichtserkennung verwenden. Dies ist allerdings aus zwei Gründen nicht ratsam:

- Bei funktionierender Gesichtserkennung steht der prädiktive PDAF nicht zur Verfügung, sodass die Trefferquote bei sich schnell auf die Kamera zu bewegenden Personen sinkt.

- Die Gesichtserkennung ist gleichzeitig auch ein Belichtungsmessungsmodus, der die Belichtung auf die Hauttöne der erkannten Gesichter abstimmt. Wird innerhalb der Serie jedoch vorübergehend kein Gesicht mehr erkannt (etwa weil sich die Person kurz abwendet oder ihr Gesicht blockiert wird), misst die Kamera nicht mehr auf das Gesicht, sondern auf die gesamte Szene. Dies kann dazu führen, dass die Belichtung, die bei der langsamen Serienbildoption in Verbindung mit AF-C und ausgeschalteter BLENDE AE vor jeder Aufnahme neu ermittelt und nachgeführt wird, im Verlauf der Serie nicht mehr passt.

Selbstverständlich können Sie die Serienbildfunktionen auch zusammen mit anderen Fokusmodi als AF-C verwenden (neben AF-S insbesondere auch mit manueller Fokussierung), etwa um eine Fokusfalle zu stellen oder um (mit dem optischen Sucher) Mitzieher zu fotografieren. In solchen Situationen kommt dann auch die schnelle Serienbildoption mit acht Bildern pro Sekunde zum Zuge – manuelles (Vor-)Fokussieren und Action-Szenen schließen sich dank der schnellen Serienbildfunktion nicht gegenseitig aus.

Es versteht sich von selbst, dass die Serienbildfunktion nur in Verbindung mit einer sehr schnellen Speicherkarte zu befriedigenden Ergebnissen führt, da es wichtig ist, den Pufferspeicher der X-T2 möglichst schnell zu leeren (also den Inhalt auf die Speicherkarte zu übertragen), um Platz für weitere Aufnahmen zu schaffen. Dies gilt insbesondere vor dem Hintergrund, dass wir mit FINE+RAW mit größeren Datenmengen fotografieren, um uns nicht nur als RAW-Shooter, sondern auch als JPEG-Fotograf alle Möglichkeiten des eingebauten RAW-Konverters offenzuhalten.

Arbeiten mit der **Panoramafunktion**	TIPP 97

MOTION PANORAMA ist eine weitere Serienbildfunktion mit dem Unterschied, dass die X-T2 die beim Verschwenken der Kamera gemachten Aufnahmen zu einem großen Panorama-JPEG zusammenmontiert. Dabei stehen zwei Größen (M und L) für den Schwenkwinkel zur Auswahl und Sie können die Schwenkrichtung sowohl horizontal als auch vertikal selbst festlegen.

Die maximale Panoramabildgröße von 9600 × 2160 Pixeln erhalten Sie, wenn Sie Größe L mit einem vertikalen Panorama kombinieren. Dabei steht es Ihnen selbstverständlich frei, das vertikale Panorama auch horizontal einzusetzen, indem Sie die Kamera beim Schwenken einfach hochkant halten.

Bitte beachten Sie bei der Verwendung von MOTION PANORAMA die folgenden Punkte:

- MOTION PANORAMA speichert keine RAW-Dateien, sondern gibt ein fertiges JPEG aus. JPEG-Parameter wie Weißabgleich und Filmsimulation müssen deshalb schon im Vorfeld endgültig festgelegt werden. Es gibt keine Möglichkeit, diese Einstellungen nachträglich mit dem eingebauten RAW-Konverter anzupassen.

- Neben dem Weißabgleich bleibt auch die Fokuseinstellung für sämtliche Einzelbilder gleich, aus denen sich das Panoramabild später zusammensetzt, und zwar unabhängig vom gewählten Fokusmodus (AF-S, AF-C, MF). Deshalb ist es wichtig, Fokus und Schärfentiefe so einzustellen, dass sie zum gesamten Schwenkbereich des Panoramas passen. Verwenden Sie ggf. den manuellen Fokus.

Abbildung 64: Mittelgroßes (6400 × 2160), im Hochformat mit der Velvia-Filmsimulation aufgenommenes **Motion Panorama:** Die Kamera nimmt beim Schwenken so viele Einzelbilder auf, wie sie für das Panorama braucht, und fügt die Bilder dann automatisch zu einem Panoramabild zusammen.

- Panoramaaufnahmen erstrecken sich häufig über Bereiche mit sehr unterschiedlichen Lichtverhältnissen (Sonne und Schatten) und einem großen Dynamikumfang. Folglich bietet sich die Verwendung der DR-Erweiterung (DR200% oder DR400%) an, um ausgefressene Lichter zu vermeiden. Darüber hinaus muss die Belichtung, die ja über alle Einzelaufnahmen der Serie konstant gehalten wird, so gewählt werden, dass sie dem gesamten Panoramabereich (und nicht nur dem ersten Bild am Anfang des Schwenks) gerecht wird. Da die Panoramafunktion mit allen vier Belichtungsmodi funktioniert, ist es durchaus ratsam, den manuellen Modus M zu verwenden. Die Panoramafunktion arbeitet grundsätzlich mit der Mehrfeldmessung.

- Wenn Sie Fokus, Belichtung und Weißabgleich *nicht* manuell einstellen, sollten Sie zunächst einen repräsentativen Bildbereich anmessen, den Auslöser halb durchdrücken, die Kamera mit diesen gespeicherten Messwerten zum Anfang des Panoramas verschwenken und dann mit der Panoramaaufnahme beginnen, indem Sie den halb gedrückten Auslöser nun ganz durchdrücken. Die Messwerte am Rand eines Panoramabildes sind normalerweise nicht repräsentativ, denn das Hauptmotiv liegt auch bei Panoramabildern tendenziell eher in der Mitte. Vergessen Sie dabei nicht, dass BLENDE AE selbstverständlich eingeschaltet sein muss.

- Vermeiden Sie Szenen mit viel Bewegung. Sich bewegende Objekte (Fahrzeuge, Menschen etc.) können zu Geisterbildern führen, indem dasselbe Objekt mehrmals (ganz oder fragmentarisch) im fertigen Bild auftaucht.

- Fotografieren Sie mit ausreichender Entfernung zum Motiv, um perspektivische Verzerrungen zu vermeiden. Achten Sie auf ausreichend viel Schärfentiefe. Weitwinkelobjektive sind für Panoramabilder besser geeignet als mittlere und lange Brennweiten.

- Verwenden Sie den elektronischen Sucher am Auge, nicht den LCD-Bildschirm mit ausgestreckten Händen.

- Richten Sie Ihren Körper parallel zur Mitte des geplanten Panoramas aus, damit Sie sich beim Verschwenken nicht verrenken oder unnötige Schritte machen müssen. Achten Sie dabei auf einen ebenen Untergrund.

- Während die Kamera die einzelnen Serienbilder für das Panorama aufnimmt, kann es zu einer Zeitverzögerung zwischen den aktuell aufgenommenen Bildern und der Darstellung im Sucher kommen. Lassen Sie sich davon nicht irritieren. Schwenken Sie die Kamera gleichmäßig in einer geraden Linie, bis alle benötigten Aufnahmen gemacht wurden und die Kamera von selbst stoppt.

- Störende vertikale Streifen mit ungleichmäßiger Belichtung im fertigen Panoramabild können auf eine zu kurze Belichtungszeit hinweisen. Verwenden Sie in diesem Fall eine längere Verschlusszeit.

- Wenn Sie ein Motion Panorama von einem Stativ aus aufnehmen, sollten Sie vorher auf eine genaue Ausrichtung parallel zum Horizont achten. Die elektronische Wasserwaage der Kamera kann Ihnen dabei helfen. Da dieses Hilfsmittel jedoch im Panoramamodus nicht zur Verfügung steht, sollten Sie die Kamera beim Ausrichten kurzzeitig in einen anderen Modus umschalten.

- Überprüfen Sie Panoramabilder unmittelbar nach ihrer Fertigstellung im Wiedergabemodus der Kamera auf Verarbeitungsfehler, Geisterbilder oder Verzerrungen. Vor Ort können Sie in der Regel sofort reagieren und die Aufnahme ggf. wiederholen. Zu Hause ist es dafür zu spät.

TIPP 98	**Filmaufnahmen** mit der X-T2

Wenn Sie das DRIVE-Einstellrad in den FILM-Modus stellen, zeichnet die X-T2 beim Drücken des Auslösers Videos in HD- oder 4K-UHD-Qualität auf. Im Menü FILM-EINSTELLUNG stehen mehrere Videomodi mit unterschiedlichen Auflösungen zur Auswahl. Dort können Sie auch einen AF-Modus einstellen (MEHRFELD oder VARIO AF) und ein Zielausgabemedium festlegen. Video ist bei Fujifilm ein »work in progress«, sodass weitere Funktionen mit der Zeit über Firmware-Updates hinzukommen dürften. Wenn das passiert, informiere ich darüber auf meiner Website Fuji X Secrets [58]. Die Beschreibung in diesem Buch basiert auf der Firmware-Version 1.10, die Ende November 2016 herausgegeben wurde.

- Der Movie-Modus funktioniert mit allen vier **Belichtungsmodi** (**P**, **A**, **S**, **M**). Sie können also die gewünschte Blende und Belichtungszeit *vor* und *während* der Aufnahme anpassen. Sie können den Belichtungsmodus jedoch nicht mehr während der Aufnahme ändern. Auch eine manuelle ISO-Einstellung ist zwischen ISO 200 und ISO 12800 möglich, jedoch nur *vor* der Aufnahme. Auto-ISO wird ebenfalls unterstützt, in diesem Fall wählt die Kamera automatisch einen ISO-Wert zwischen 200 und 12800 aus (tatsächlich ist der verfügbare Maximalwert wohl sogar noch etwas höher als 12800). Die für Fotoaufnahmen geltenden Auto-ISO-Einstellungen (ISO-Untergrenze, ISO-Obergrenze und Mindestverschlusszeit) werden im Videomodus ignoriert. Bitte beachten Sie, dass die eingestellte Belichtungszeit im Videomodus nie länger sein kann als die ausgewählte Bildwiederholrate. Bei 60 Bildern pro Sekunde muss die Kamera also mit 1/60 s oder kürzer aufzeichnen.

- Die **Belichtungsmessung** erfolgt im Videomodus stets mit der Mehrfeldmessung. Die Belichtung wird während der Aufnahme in den Modi **P**, **A** und **S** automatisch gesteuert, kann vor und während der Aufnahme jedoch mit dem Belichtungskorrekturrad um bis zu ±2 EV angepasst werden.

- Zum **Fokussieren** stehen Ihnen alle drei Modi – AF-S, AF-C und MF – zur Verfügung, zwischen denen Sie auch während des Filmens umschalten können. Mit AF-S legen Sie den Fokus vor der Aufnahme fest, die Schärfe wird während der Aufnahme also nicht nachgeführt. AF-C führt die Schärfe andauernd in der Bildmitte nach. Ist VARIO AF bei FILM-EINSTELLUNGEN > VIDEO AF MODUS ausgewählt, können Sie den Fokusbereich auch während der Aufnahme mit dem Fokus-Stick verschieben. Im MF-Modus können Sie den Fokus vor oder während der Aufnahme manuell am Fokusring einstellen, wobei der Instant-AF (also das automatische Fokussieren mit der AF-L-Taste) hier nur *vor* der Aufnahme zur Verfügung steht. Auch Focus Peaking steht während der Aufnahme zur Verfügung, jedoch können Sie dabei nicht ins Bild hineinzoomen. Im AF-C-Modus stehen Ihnen außerdem die benutzerdefinierten AF-C-Einstellungen zur Verfügung. Konfigurieren Sie zum Beispiel die Verfolgungsempfindichkeit, um festzulegen, wie schnell die Kamera den Fokus auf ein neues Ziel einstellt, das einen signifikant anderen Abstand zur Kamera hat als das vorherige. Wählen Sie einen niedrigen Wert (0 oder 1), wenn die Kamera den Fokus schnell anpassen soll. Wählen Sie einen höheren (3 oder 4), wenn der Autofokus etwas länger beim bisherigen Ziel verweilen soll, sobald es aus dem Bildfeld gerät.

- Die **Gesichtserkennung** steht Ihnen auch im Videomodus zur Verfügung, jedoch nur in den HD- und nicht in den 4K-Auflösungen. Sie steuert wie üblich Fokus *und* Belichtung und arbeitet dabei wie der AF-C-Modus, stellt also kontinuierlich entweder auf die Bildmitte oder auf ein erkanntes Gesicht scharf. Die Augenerkennung wird im Videomodus nicht unterstützt.

- Die **DR-Funktion** wird im Videomodus unglücklicherweise *nicht* unterstützt. »Zebras« und »Blinkies« kennt die X-T2 ebenfalls nicht, Sie müssen sich beim Erkennen von überbelichteten Partien also auf den Live-View verlassen (leider steht während der Aufnahme kein Live-Histogramm zur Verfügung) und die Belichtung ggf. nach oben oder unten ändern.

- Mit dem automatischen **Weißabgleich** (AUTO) passt die Kamera den Weißabgleich auch während der Aufnahme kontinuierlich an wechselnde Lichtverhältnisse an. Wenn Sie das nicht möchten, sollten Sie ein Preset (etwa Glühlampenlicht) oder einen Kelvin-Wert vorgeben. Auch der benutzerdefinierte Weißabgleich steht zur Verfügung.

- Den Look Ihres Videos können Sie mit der Auswahl einer der 15 **Filmsimulationen** beeinflussen. Kontrasteinstellungen (TON LICHTER, SCHATTIER. TON), Farbsättigung und Schärfe können ebenfalls eingestellt werden.

- Im 4K-Modus weist die X-T2 einen zusätzlichen **Cropfaktor** von 1,17 auf.

- Intern zeichnet die X-T2 Video im Format 4:2:0 auf SD-Karten auf. 4K-Videos können jedoch auch extern in noch höherer 4:2:2-Qualität aufgezeichnet werden. Für solche **externen Aufnahmen** steht eine sogenannte »F-Log«-Option zur Verfügung, bei der es sich um Fujifilms Version eines flachen Videoprofils für größtmöglichen Dynamikumfang handelt. Solche F-Log-Aufzeichnungen müssen in der Postproduktion nachbearbeitet werden – Sie können sich einen passenden F-Log LUT auf der Website von Fujifilm [59] herunterladen.

- Zum Videobild gesellt sich meist auch **Ton**. Hierfür können Sie entweder das eingebaute Stereomikrofon der X-T2 verwenden oder ein externes Mikrofon anschließen. Das eingebaute Mikrofon liefert naturgemäß keine besonders gute Qualität und nimmt diverse Störgeräusche auf – etwa Blenden- und AF-Geräusche. Neben einem externen Originalmikrofon von Fujifilm können Sie auch Fremdmikrofone anschließen. Die Empfindlichkeit der Tonaufnahme können Sie mit MIKRO LAUTSTÄRKE regeln. In Verbindung mit dem Vertical Power Booster Grip steht Ihnen außerdem ein Kopfhörerausgang zur Verfügung.

- Wenn Sie ein Objektiv mit **optischem Bildstabilisator** verwenden und den OIS einschalten, wird die Videoaufnahme optisch stabilisiert und das Bild erscheint weniger verwackelt.

- Mit dem Vertical Power Booster Grip können Sie die Aufnahmedauer einzelner 4K-Videos von 10 auf 30 Minuten verlängern.

Arbeiten mit dem Selbstauslöser — TIPP 99

Der eingebaute Selbstauslöser ermöglicht Aufnahmen mit Zeitverzögerung. Die Kamera wartet nach dem Durchdrücken des Auslösers also noch etwas ab und macht die Aufnahme erst einige Sekunden später. Diese Funktion ist nicht über das DRIVE-Einstellrad, sondern über das Menü AUFNAHME-EINSTELLUNG (bzw. Quick-Menü) erreichbar.

- Der Selbstauslöser mit zehn Sekunden Vorlauf ist die klassische Funktion, die es Ihnen ermöglicht, selbst mit auf dem Bild zu sein.

- Der Selbstauslöser mit zwei Sekunden ersetzt einen Fernauslöser, indem die Kamera nach dem Drücken des Auslösers zur Ruhe kommt und das Bild nicht verwackelt. Typischerweise wird diese Option deshalb bei Aufnahmen mit längerer Belichtungszeit von einem Stativ aus eingesetzt.

2.7 FOTOGRAFIEREN MIT BLITZLICHT

Blitzfotografie ist eine Art Doppelbelichtung. Die Aufnahme setzt sich aus zwei Komponenten zusammen, die übereinander belichtet werden: dem Umgebungslicht und dem Blitzlicht.

- Die **Umgebungslichtkomponente** wird wie bei einer »regulären« Aufnahme in der Kamera gemessen. Anhand der Belichtungsmessung wählt die Belichtungsautomatik (**P**, **A** oder **S**) eine passende Belichtung aus, die Sie wie üblich mit dem Belichtungskorrekturrad anpassen können. Dabei helfen Ihnen Live-View und Live-Histogramm. Wahlweise können Sie die Belichtung im Modus **M** auch manuell einstellen.

- Die **Blitzlichtkomponente** wird mithilfe der eingebauten TTL-Blitzlichtmessung ebenfalls von der Kamera bestimmt. TTL bedeutet »Through the Lens« und weist darauf hin, dass hier (wie bei der Umgebungslichtkomponente) das durch das Objektiv effektiv einfallende Licht gemessen wird. Der intelligente Blitz der X-T2 ermittelt die passende Blitzlichtmenge automatisch, und zwar mithilfe eines vorangehenden Messblitzes sowie anderer Daten. Auch hier haben Sie wieder die Möglichkeit, die von der Kamera ermittelte Blitzbelichtung nach oben oder unten zu korrigieren, und zwar unabhängig von der Korrektur der Umgebungslichtkomponente. Dies geschieht auf der Menüseite BLITZ-EINSTELLUNG > EINSTELLUNG BLITZFUNKTION oder – sofern verfügbar – direkt an einem externen Fujifilm-TTL-Blitz wie dem EF-20 oder EF-X20. Leider können Sie die Helligkeit der Blitzlichtkomponente vor der Aufnahme nicht abschätzen, da Live-View und Live-Histogramm sich ausschließlich auf das Umgebungslicht beziehen.

Neben dem eingebauten Blitz oder externen TTL-Blitzgeräten von Fujifilm bzw. kompatiblen Anbietern können Sie grundsätzlich auch beliebige Blitzgeräte anderer Hersteller verwenden. Nahezu alles, was auf den Blitzschuh der Kamera passt, ist kompatibel. Dabei müssen Sie dann jedoch auf die TTL-Blitzbelichtungsmessung [60] der Kamera verzichten und die abgegebene Blitzlichtmenge manuell am Blitzgerät einstellen. Oder Sie verwenden einen sogenannten Automatikblitz mit einem eigenen Belichtungssensor im Gerät.

Die X-T2 unterstützt im Rahmen ihrer TTL-Blitzbelichtung verschiedene Blitzmodi, die Sie im Quick-Menü oder über BLITZ-EINSTELLUNG > EINSTELLUNG BLITZFUNKTION festlegen können:

- TTL AUTOBLITZ steht nur im Belichtungsmodus **P** zur Verfügung und aktiviert einen ausgeklappten und einsatzbereiten TTL-Blitz bei Bedarf selbst. Dieser Modus ist nicht allzu empfehlenswert, da Sie selbst in der Regel besser als die Kamera wissen, wann Sie Blitzlicht brauchen und wann nicht.

- TTL STANDARD (früher auch als ERZW. BLITZ bekannt) löst den Blitz in jedem Fall aus. Dieser Blitzmodus steht in allen vier Belichtungsmodi (**P**, **A**, **S**, **M**) zur Verfügung.

- TTL LANGSAME SYNC. arbeitet wie der erzwungene Blitz, erlaubt jedoch bei Bedarf längere Belichtungszeiten (bis zu einer Dauer von 1/8 s) für das Umgebungslicht. Auf diese Weise ist es möglich, bei Dunkelheit oder Schummerlicht mehr Umgebungslicht einzufangen. Dieser Blitzmodus steht naturgemäß nur in den Belichtungsmodi **P** und **A** zur Verfügung.

- MANUELLER BLITZ funktioniert wie TTL LANGSAME SYNC., Sie geben die Lichtleistung jedoch selber an. Diese Funktion steht in allen vier Belichtungsmodi (**P**, **A**, **S**, **M**) zur Verfügung.

- COMMANDER ist ein Steuerblitzlicht, mit dessen Hilfe Sie externe Blitzgeräte optisch ohne Kabel auslösen können, sofern diese über einen entsprechenden Sensor verfügen. Neben einigen Geräten von Drittanbietern ist auch der EF-X20 per Commander-Licht drahtlos steuerbar. In diesem Fall müssen Sie die Blitzleistung an Ihrem Blitzgerät jedoch manuell einstellen. Denken Sie außerdem daran, dass auch der Commander-Blitz speziell bei höheren ISO-Werten das Bild beeinflussen kann. Der Commander-Modus ist insofern praktisch, als er ohne einen vorangehenden TTL-Messblitz operiert, also als reinrassiges Steuersignal fungiert. Der Commander-Modus steht in allen vier Belichtungsmodi (**P**, **A**, **S**, **M**) zur Verfügung.

- OFF deaktiviert die Blitzfunktion. Es wird also auch dann nicht geblitzt, wenn ein Blitzgerät mit der Kamera verbunden und eingeschaltet ist.

- Auf der Menüseite EINSTELLUNG BLITZFUNKTION gibt es als weitere Option die Synchronisation des Blitzlichts auf den zweiten Verschlussvorhang. In diesem Fall löst der Blitz erst zum Ende des Belichtungsvorgangs aus. Dies ist bei längeren Belichtungszeiten relevant, wenn Sie keine statischen, sondern sich bewegende Objekte fotografieren. Erinnern wir uns: Blitzbelichtung ist eine Doppelbelichtung mit Umgebungslicht- und Blitzlichtkomponente. Bei längeren Belichtungszeiten kommt es bei sich bewegenden Objekten zwangsläufig zu Bewegungsunschärfe und Wischeffekten, während die Blitzlichtkomponente das Objekt einfriert. Bei einer Synchronisation auf den ersten Verschlussvorhang wird ein sich bewegendes Objekt am Anfang der Belichtung vom Blitzlicht eingefroren, auf den zweiten Verschlussvorhang erst am Ende. In Verbindung mit dem neuen Profiblitzgerät EF-X500 gibt es außerdem eine Sync-Option namens FP alias »Focal Plane«. Hierbei handelt es sich um Fujifilms Version von HSS (High-Speed-Synchronisation), bei der Blitzgeräte auch mit kurzen Verschlusszeiten bis zu 1/8000 s verwendet werden können.

Fotografieren mit Blitzlicht

Abbildung 65: Die Menüseite EINSTELLUNG BLITZFUNKTION erlaubt die Steuerung wichtiger Parameter wie Blitzmodus, Blitzsynchronisationsmodus und Blitzbelichtungskorrektur.

Blitzen in den Belichtungsmodi P und A: Limits für die längstmögliche Belichtungszeit — TIPP 100

In den Belichtungsmodi P und A wählt die Kamera selbstständig die passende Belichtungszeit für die Umgebungslichtkomponente aus. Dabei gelten die folgenden eingebauten Grenzwerte für die Belichtungszeit:

- In den Blitzmodi TTL AUTOBLITZ, TTL STANDARD und COMMANDER gilt beim Blitzen als längstmögliche Belichtungszeit ungefähr der halbe Kehrwert der verwendeten Brennweite, bei 55 mm also 1/110 s. Zudem gilt grundsätzlich ein hartes Limit von 1/30 s, das unabhängig von der eingesetzten Brennweite und den Lichtverhältnissen nicht überschritten wird. Dieses Limit kann abends oder nachts schnell dafür sorgen, dass die Umgebungslichtkomponente unterbelichtet wird. Es gibt zu dieser Regel allerdings zwei Ausnahmen. *Ausnahme 1:* Objektive mit eingeschaltetem optischem Bildstabilisator (OIS) setzen die Kehrwertregel außer Kraft und erlauben zum Teil auch längere Belichtungszeiten, wobei 1/30 s jedoch auch hier als hartes Limit gilt, das zeitlich nicht überschritten wird. *Ausnahme 2:* Mit aktiviertem Auto-ISO können Sie auch das harte Limit von 1/30 s aushebeln, wenn Sie bei Auto-ISO eine längere Mindestverschlusszeit eintragen, beispielsweise 1/15 s, 1/8 s oder 1/4 s. Wenn Sie beim Blitzen *noch* längere Verschlusszeiten benötigen, verwenden Sie bitte den Belichtungsmodus **S** oder **M**, ggf. in Verbindung mit den Langzeiteinstellungen T(ime) oder B(ulb).

- Im Blitzmodus TTL LANGSAME SYNC. sowie im MANUELLEN BLITZMODUS erlaubt die Kamera grundsätzlich eine Langzeitsynchronisation mit längeren Belichtungszeiten bis zu höchstens 1/8 s. Es gelten hier keine anderen (etwa von der gewählten Brennweite oder einem aktiven OIS abhängigen) Limits. Für noch längere Belichtungszeiten verwenden Sie bitte den Belichtungsmodus **S** oder **M**, ggf. mit den Langzeiteinstellungen T(ime) oder B(ulb).

> **TIPP 101** Steuerung des Umgebungslichts bei Blitzaufnahmen

Wenn Sie mit der X-T2 eine Szene einmal mit ausgeschaltetem und einmal mit eingeschaltetem Blitz anmessen, werden Sie feststellen, dass sich die Belichtung dabei nicht ändert. Anders gesagt: Mit Blitz belichtet die Kamera die Umgebungslichtkomponente genauso wie ohne Blitz. Die Blitzlichtkomponente kommt einfach hinzu, es wird also nicht automatisch weniger Umgebungslicht eingefangen, um das zusätzliche Blitzlicht auszugleichen.

Diese Erkenntnis ist wichtig. Sie bedeutet, dass Sie sich als Fotograf selbst ein Bild von dem Verhältnis machen müssen, das Umgebungslicht und Blitzlicht zueinander einnehmen sollen. Wenn Sie den Blitz lediglich zum Aufhellen eines zu dunklen Vordergrunds verwenden möchten, müssen Sie vermutlich wenig korrigieren: Die Blitzlichtkomponente wird die zu dunklen Bereiche im Vordergrund der Umgebungslichtkomponente aufhellen. Blitzen Sie hingegen eine auch ohne Blitz bereits »korrekt« belichtete Umgebung an, dürfte das Ergebnis entweder zu hell ausfallen oder die Blitzlichtkomponente im TTL-Betrieb wird kaum oder gar nicht sichtbar sein, weil die Blitzbelichtungssteuerung der Kamera erkennt, dass die Szene bereits ausreichend belichtet ist und kein zusätzliches Blitzlicht benötigt wird. Der Blitz wird dann zwar abgefeuert, jedoch mit so geringer Leistung, dass seine Wirkung im Bild kaum sichtbar ist.

Die folgenden Punkte sollten Sie beachten:

- Regulieren Sie die Umgebungslichtkomponente wie gewohnt mit dem Belichtungskorrekturrad Ihrer Kamera oder stellen Sie die Belichtung (ISO, Blende, Belichtungszeit) manuell ein. Je weniger Umgebungslicht Sie zulassen, umso stärker wird die Blitzlichtkomponente ausfallen, da die TTL-Blitzbelichtungsautomatik stets versuchen wird, ein insgesamt korrekt belichtetes Ergebnis abzuliefern.

- Um die Umgebungslichtkomponente im manuellen Modus M als Vorschau korrekt darstellen zu können, muss EINRICHTUNG > DISPLAY-EINSTELLUNG > BEL.-VORSCHAU/WEISSABGLEICH MAN. > VORSCHAU BEL./WA ausgewählt sein. Live-View und Live-Histogramm sind sonst nicht aussagekräftig.

- Im Studio möchte man die Umgebungslichtkomponente häufig minimieren und die Szene vollständig mit Blitzlicht ausleuchten. In solchen Fällen verwendet man eine kleine Blende (große Blendenzahl), Basis-ISO 200 und eine möglichst kurze Belichtungszeit. Die kürzeste Blitzsynchronzeit der X-T2 beträgt 1/250 s, wobei mit einigen Blitzgeräten auch noch etwas kürzere Zeiten möglich sind, ohne dass es im Bild zu Abschattungen kommt. Wenn Sie Szenen mit reduziertem Umgebungslicht im manuellen Modus M blitzen möchten, sollten Sie EINRICHTUNG > DISPLAY-EINSTELLUNG > BEL.-VORSCHAU/WEISSABGLEICH MAN. > AUS einstellen, um im Sucherbild überhaupt noch etwas außer Dunkelheit erkennen zu können.

- Manchmal reicht die kürzeste Blitzsynchronzeit (1/250s) nicht aus, um die Umgebung bei Basis-ISO 200 passend zur gewählten Blende nicht zu hell zu belichten. Natürlich können Sie dann abblenden, gewinnen dabei jedoch zusätzliche Schärfentiefe und weniger Objektfreistellung. Dies ist häufig unerwünscht. In solchen Fällen ist es sinnvoll, einen neutralen Graufilter [32] (ND-Filter) vor dem Objektiv zu verwenden, der den Lichteinfall um einige Blendenstufen (typischerweise 3–6 EV) reduziert.

- Häufig verwendet man Blitzlicht, um große Kontrastunterschiede zwischen einem zu dunklen Vordergrund und einem zu hellen Hintergrund auszugleichen. Sie können den TTL-Blitz (oder auch jeden manuellen

Blitz) trotzdem mit der DR-Funktion der Kamera kombinieren. Schließlich kann auch der Hintergrund für sich genommen so kontrastreich sein, dass die DR-Funktion sehr gute Dienste leistet. Denken Sie etwa an einen nächtlichen Hintergrund mit Straßenbeleuchtung, vor dem Sie ein Porträt mit Blitzlicht aufnehmen möchten. Das Blitzlicht gilt dann der Person im Vordergrund, während die DR-Funktion dafür sorgt, dass die Straßenlichter im Hintergrund nicht ausfressen. Die DR-Funktion ist auch sehr praktisch, wenn Sie im Raum gestaffelte Motive anblitzen, wobei die näher zur Kamera befindlichen Motivbereiche gerne überbelichtet werden. DR400% gibt Ihnen hier einen zusätzlichen Überbelichtungsschutz von 2 EV, den Sie etwa beim Entwickeln der Aufnahme mit einem externen RAW-Konverter zur Geltung bringen können.

- Die vorhin besprochenen harten Verschlusszeitenlimits im Blitzbetrieb können in den Belichtungsmodi **P** und **A** dazu führen, dass die Umgebungslichtkomponente zu knapp belichtet wird. Diese Limits sind dennoch keine Schikane, sie erfüllen einen Zweck: Sie sollen bei Blitzaufnahmen einen verwackelten/verwischten Hintergrund vermeiden. Wenn Sie allerdings mit einem Stativ arbeiten oder Ihnen ein verwischter Hintergrund nichts ausmacht, sollten Sie die Limits aushebeln, indem Sie im Blitzmodus LZ-SYNCHRO fotografieren oder eine längere Belichtungszeit in den Belichtungsmodi **S** oder **M** einstellen.

- Umgebungslicht und Blitzlicht besitzen häufig unterschiedliche Farbtemperaturen, der Weißabgleich steht dann vor einer nahezu unlösbaren Herausforderung. Sie können in solchen Mischlichtsituationen [61] einen benutzerdefinierten Weißabgleich mit eingeschaltetem Blitz durchführen und dabei ein neutralgraues Objekt (weiße Wand, Graukarte) anmessen, das dem gleichen Mischlicht ausgesetzt ist wie Ihr Hauptmotiv. Auf diese Weise rücken Sie zumindest Ihr Hauptmotiv ins rechte Licht. Selbstverständlich können Sie den Weißabgleich im Rahmen der RAW-Entwicklung später jederzeit anpassen. Externe Konverter wie Lightroom ermöglichen dabei dann auch eine selektive Korrektur des Weißabgleichs: Sie können den (meist wärmeren) Hintergrund markieren und mit einer anderen Farbtemperatur entwickeln als den (meist kälteren) vom Blitz beleuchteten Vordergrund.

Abbildung 66: Steht das **Umgebungslicht** im Vordergrund, nimmt die Blitzlichtkomponente eine untergeordnete Rolle ein. In diesem Beispiel sorgt sie für Glanz in den Katzenaugen. Die besten Blitzaufnahmen sind oft jene, die man nicht als solche erkennen kann.

Steuerung der Blitzlichtkomponente	TIPP 102

Analog zum Umgebungslicht können Sie auch den Blitzlichtanteil regulieren. Sie müssen nichts der Kameraautomatik überlassen.

- Um den automatischen TTL-Blitz zu steuern, verwenden Sie die Blitzlichtkorrektur. Diese Funktion finden Sie auf der Seite BLITZ-EINSTELLUNG > EINSTELLUNG BLITZFUNKTION oder an vielen externen TTL-Blitzgeräten. Sie funktioniert analog zum Belichtungskorrekturrad, bezieht sich jedoch ausschließlich auf die Blitzlichtkomponente. Wenn Sie die Blitzbelichtungskorrektur in der Kamera *und* am externen Blitzgerät miteinander kombinieren, addieren sich die beiden Korrekturen (der neue EF-X500 ist hier allerdings eine Ausnahme). Das »normale« Belichtungskorrekturrad wiederum beeinflusst ausschließlich die Umgebungslichtkomponente.

- Bei den meisten Blitzgeräten (nicht jedoch beim EF-20) können Sie die Blitzleistung auch manuell einstellen. In diesem Fall messen Sie die Szene vorher mit einem externen Blitzbelichtungsmesser aus oder vertrauen Ihrer Erfahrung. Natürlich helfen auch einige Testaufnahmen, um die richtige Blitzleistung zu ermitteln. Blitzgeräte von Drittherstellern müssen stets manuell eingestellt werden, wenn sie das TTL-Blitzprotokoll von Fujifilm nicht unterstützen. Allerdings gibt es auch Blitzgeräte mit einer eingebauten Belichtungssonde: sogenannte Automatikblitze. Diese arbeiten zwar nicht so genau wie die TTL-Blitzbelichtung, sind aber in Umgebungen, wo es schnell gehen muss (zum Beispiel Party-Schnappschüsse), oft eine interessante Alternative.

- Grundsätzlich gibt es keine Möglichkeit, die Bildwirkung oder Belichtung der Blitzlichtkomponente im elektronischen Sucher oder auf dem LCD-Bildschirm vor der Aufnahme zu simulieren. Diese Anzeigen geben stets nur die Umgebungslichtkomponente wieder. Viele Studioblitzgeräte verfügen allerdings über eingebaute Einstelllichter, die Ihnen dabei helfen können, sich ein Bild von der Blitzlichtgewichtung zu machen.

- Gute Ergebnisse erzielen Sie häufig dadurch, dass Sie ein Motiv nicht direkt, sondern indirekt [62] anblitzen, etwa indem Sie das Blitzlicht auf die weiße Decke richten und von dort auf die Szene reflektieren. Das Blitzlicht wirkt dann weicher und natürlicher. Viele Blitzgeräte bieten deshalb die Möglichkeit, den Reflektor nach oben zu schwenken. Beachten Sie, dass indirektes Blitzen dem Blitzgerät mehr Leistung abverlangt und die Farbe der das Blitzlicht reflektierenden Fläche das Ergebnis beeinflusst. Blitzen Sie beispielsweise eine rot gestrichene Decke an, dann reflektieren Sie rötliches Licht auf Ihre Szene, die infolgedessen rotstichig erscheinen wird. Dieser Effekt kann freilich auch gewollt sein.

- Sie können die Farbe des Blitzlichts auch dadurch steuern, dass Sie farbige Folien vor den Blitzreflektor kleben. Es gibt neben Effektfolien auch spezielle Farbkonversionsfolien, um die Farbtemperatur des Blitzlichts von Tageslicht auf Glühlampen- oder Leuchtstoffröhrenlicht zu ändern, sodass sich das Blitzlicht bei Aufnahmen von Innenräumen nahtlos in das jeweilige Umgebungslicht einfügt. Das ungefilterte Blitzlicht entspricht üblicherweise der Farbtemperatur des Tageslichts und eignet sich deshalb besonders gut als Aufhellblitz im Freien.

- Die Reichweite des Blitzlichts hängt von der eingestellten Blende ab – die gewählte Belichtungszeit hat darauf keinen Einfluss, da die Abbrenndauer des Blitzes ohnehin stets kürzer ist als die Verschlusszeit der Kamera. Somit bestimmen drei Faktoren die Reichweite eines Blitzgeräts: die abgegebene Lichtenergie, die Blendeneinstellung und die ISO-Einstellung (Signalverstärkung der Kamera). Sie können das Umgebungslicht mithilfe kürzerer Verschlusszeiten also reduzieren, ohne dass dies einen Einfluss auf die Effektivität und Reichweite der Blitzlichtkomponente hat.

- Denken Sie beim direkten Blitzen mit einem Aufsteckblitz daran, dass das Objektiv und insbesondere die Gegenlichtblende das Blitzlicht abschatten können. Entfernen Sie in solchen Fällen die Gegenlichtblende oder blitzen Sie entfesselt [63].

- Weitwinkelobjektive decken oft einen größeren Bildwinkel als der Blitzreflektor ab, sodass es beim direkten Blitzen zu einer unschönen Vignettierung kommt. Blitzen Sie in solchen Fällen indirekt oder verwenden Sie einen geeigneten Diffusor [64], der das Blitzlicht zerstreut. Viele externe Blitzgeräte (auch die TTL-Blitzgeräte von Fujifilm) besitzen einen eingebauten Weitwinkeldiffusor – Sie dürfen nur nicht vergessen, ihn auch auszuklappen.

Der zweite Verschlussvorhang – was steckt dahinter?	TIPP 103

Blitzaufnahmen sind eine Doppelbelichtung, bestehend aus Umgebungslicht und Blitzlicht. Bei Aufnahmen mit längeren Verschlusszeiten stellt sich die Frage, wann während dieser längeren Belichtung des Umgebungslichts die sehr viel kürzere Blitzbelichtung erfolgen soll. Normalerweise wird der Blitz immer zu Beginn der Aufnahme ausgelöst, also zusammen mit dem ersten Verschlussvorhang des Schlitzverschlusses Ihrer X-T2. Wenn Sie allerdings den SYNC-MODUS 2. VORHANG auswählen, erfolgt die Blitzauslösung erst zum Ende der Belichtung mit dem zweiten Verschlussvorhang [65].

Dieser Unterschied ist vor allem dann beachtenswert, wenn Sie Objekte anblitzen, die sich schnell bewegen. In diesem Fall erhalten Sie in Verbindung mit längeren Verschlusszeiten nämlich einen Wischeffekt in der Umgebungslichtkomponente (Bewegungsunschärfe), zu dem sich die aufgrund der kurzen Blitzabbrenndauer scharfe (die Bewegung »einfrierende«) Blitzlichtkomponente addiert.

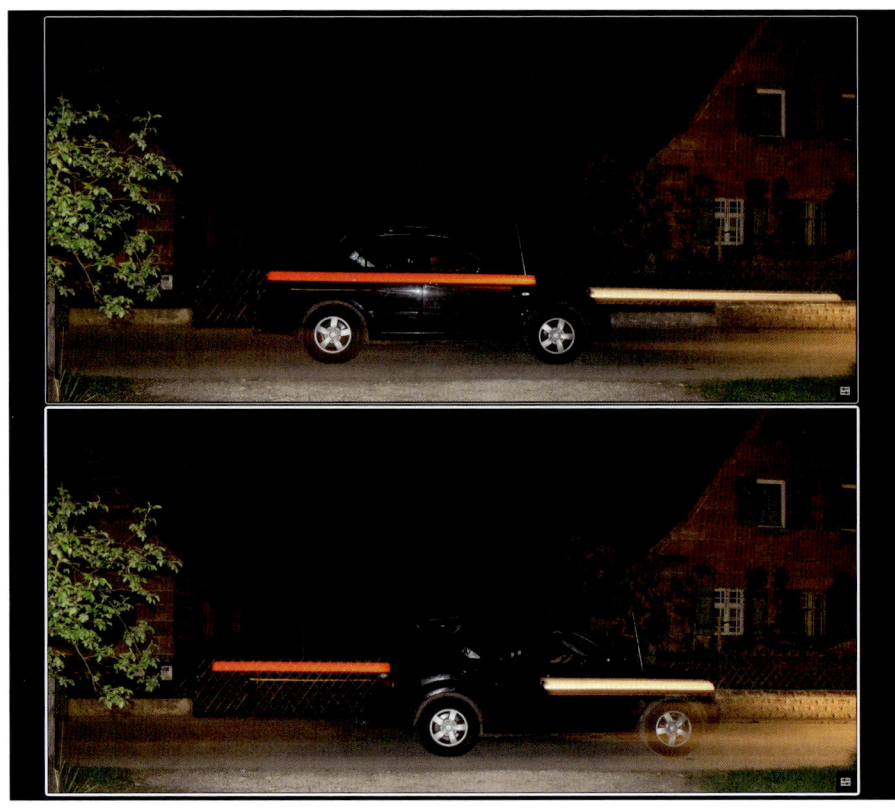

Abbildung 67: **Erster vs. zweiter Verschlussvorhang:** Diese Szene wurde oben auf den ersten, unten auf den zweiten Verschlussvorhang geblitzt. Dementsprechend friert der Blitz das Fahrzeug einmal am Anfang und einmal am Ende der Belichtung ein. Gut zu sehen ist in diesem Beispiel auch die Natur von Blitzaufnahmen als Doppelbelichtungen: Teile des helleren Hintergrunds überlagern in beiden Fällen das angeblitzte schwarze Fahrzeug. Um solche Effekte zu vermeiden oder zu vermindern, reduzieren Sie die Belichtung der Umgebungslichtkomponente und/oder verstärken die Blitzlichtkomponente.

Naturgemäß hat ein sich bewegendes Objekt am Anfang der Belichtung eine andere Position als am Ende. Mit dem zweiten Verschlussvorhang können Sie sicherstellen, dass der Blitz das Objekt dort einfriert, wo es sich am Ende des Belichtungsvorgangs befindet. Die Bewegungsunschärfe eilt dem vom Blitz eingefrorenen Objekt im fertigen Bild dann nicht voraus, das vom Blitz scharf konturierte Objekt zieht die mit der Umgebungslichtkomponente aufgezeichnete Bewegungsunschärfe vielmehr hinter sich her. Dies wirkt auf den Betrachter wesentlich natürlicher.

Sinnvollerweise sollten Sie den zweiten Verschlussvorhang zusammen mit den Belichtungsmodi **S** oder **M** verwenden, um eine für die verwischte Umgebungslichtkomponente hinreichend lange Verschlusszeit zu realisieren.

Blitzsynchronzeiten – wo liegt die Grenze?	TIPP 104

Die kürzestmögliche Verschlusszeit zur Blitzsynchronisation [66] beträgt bei der X-T2 offiziell 1/250 s. Daraus folgt:

- In den Belichtungsmodi **P** und **A** wird die Kamera niemals eine kürzere Belichtungszeit als 1/250 s anbieten. Ist diese Zeit für die herrschenden Lichtverhältnisse zu lang, wird die Umgebungslichtkomponente der Szene überbelichtet. Die Verschlusszeit von 1/250 s wird in diesem Fall als Warnung rot im Sucher angezeigt. Blenden Sie dann entweder weiter ab, reduzieren Sie den ISO-Wert (jedoch nicht unter 200) oder verwenden Sie einen neutralen Graufilter [32] (ND-Filter) an Ihrem Objektiv.

- In den Belichtungsmodi **S** und **M** können Sie im Blitzbetrieb kürzere Belichtungszeiten als 1/250 s einstellen. Die Kamera wird diese Einstellungen auch honorieren. Allerdings kommt es dabei zunehmend zu Abschattungen im Bild (Jalousie-Effekt). In der Praxis ist es mit einigen Blitzgeräten jedoch möglich, etwas kürzere Synchronzeiten zu verwenden, ohne dass dieser störende Effekt auftritt. Probieren Sie es am besten selbst aus.

Abbildung 68: **Not und Tugend:** Viele Fotografen wünschen sich für ihre X-T2 kürzere Blitzsynchronzeiten als 1/250 s. Man kann aus der Not allerdings auch eine Tugend machen und bewusst mit längeren Belichtungszeiten arbeiten, um einen verwischten Hintergrund mit einem vom Blitzlicht schärfer konturierten Vordergrund zu kombinieren.

- High-Speed-Synchronisation (HSS) wird in der X-T2 offiziell unterstützt, ist jedoch nur in Verbindung mit wenigen Fuji-kompatiblen Blitzgeräten verfügbar (Stand Dezember 2016). Fujifilm selbst unterstützt HSS derzeit nur mit dem EF-X500. Mit Fujifilm ausdrücklich kompatible Geräte von Drittanbietern wie Metz und Nissin unterstützen in der Regel ebenfalls HSS, benötigen dafür jedoch häufig ein Firmware-Update.

Abbildung 69: Diese manuell gesteuerte **HSS-Aufnahme** wurde mit einer Belichtungszeit von 1/3200 s realisiert.

Rote-Augen-Korrektur – zwei Stufen führen zum Erfolg.	TIPP 105

Wenn sich Blitzgerät und Objektiv auf nahezu derselben optischen Achse befinden, kann es beim direkten Anblitzen von Personen (oder auch Tieren) zu unschönen Reflexionen in den Augen kommen: dem Rote-Augen-Effekt [67].

- Wenn Sie BLITZ-EINSTELLUNG > ROTE-AUGEN-KORR. und dann entweder BLITZ oder BLITZ+ENTFERNUNG einstellen, emittiert die Kamera vor jeder Blitzaufnahme einen Vorblitz, der die Pupillen der fotografierten Person verkleinert und den Effekt auf diese Weise reduziert.

- Unabhängig davon kann man mit BLITZ-EINSTELLUNG > ROTE-AUGEN-KORR. und dann entweder ENTFERNUNG oder BLITZ+ENTFERNUNG eine Gesichtserkennung in der JPEG-Datei durchführen und auftretende rote Augen automatisch retuschieren. Diese Funktion steht noch einmal unter WIEDERGABE-MENÜ > ROTE-AUGEN-KORR. zur Verfügung. Wenn Sie neben dem bearbeiteten Bild auch das unretuschierte JPEG behalten möchten, müssen Sie EINRICHTUNG > DATENSPEICH SETUP > ORG.BID SPEICHERN > AN auswählen. Auf die RAW-Datei hat die automatische Retusche keinen Einfluss, sie bleibt davon unberührt.

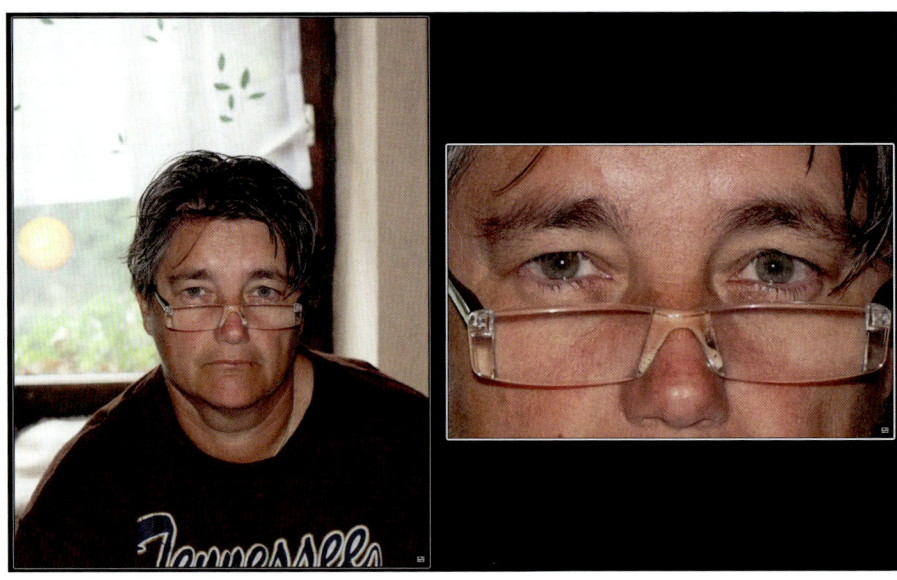

Abbildung 70: Die **Rote-Augen-Korrektur** arbeitet mit einem hellen Vorblitz, sodass sich die Pupillen der angeblitzten Person zusammenziehen. Die Abbildung zeigt einen Bildausschnitt.

TIPP 106 Arbeiten mit **TTL-Lock**

Zu den neuen Blitzfunktionen zählt auch TTL-Lock, womit die zuletzt gemessene Blitzbelichtung (analog zum AE-Lock) gespeichert werden kann, sodass mehrere hintereinander aufgenommene Blitzaufnahmen unabhängig von Änderungen beim Motiv oder der Bildkomposition stets mit derselben Blitzlichtmenge ausgeleuchtet werden. Um TTL-Lock nutzen zu können, muss die Funktion TTL-SPERRE einer der Fn-Tasten zugewiesen werden. Im Blitzmenü kann außerdem als Option eingestellt werden, dass TTL-Lock vor dem Speichern der Blitzbelichtung einen neuen Messblitz abfeuert und die

Blitzbelichtung auf dessen Basis fixiert (BLITZ-EINSTELLUNG > TTL-LOCK MODUS > MIT MESSBL. SPERREN).

TTL-Lock funktioniert auch in Verbindung mit der Rote-Augen-Korrektur. Es ist jedoch *nicht* möglich, bei aktivem TTL-Lock die Blitzbelichtungskorrektur *in* der Kamera zu verstellen. Sie können bei gesetztem TTL-Lock jedoch die Blitzbelichtungskorrektur am Blitzgerät selbst (sofern vorhanden) verstellen.

Kleiner Zwerg: der EF-X20 — TIPP 107

Der Systemblitz EF-X20 wurde speziell für Retrokameras der X-Serie entworfen und passt deshalb hervorragend zur X-T2. Neben dem Einsatz als TTL-Blitz können Sie den EF-X20 auch mit manuellen Einstellungen verwenden und dabei sogar mit einem Steuerungsblitz (Commander) drahtlos und somit entfesselt auslösen:

- Stellen Sie den Blitz an der X-T2 auf den COMMANDER-Modus ein.
- Stellen Sie den Moduswahlschalter am EF-X20 auf die Position »N«.
- Stellen Sie am EF-X20 die gewünschte Blitzleistung manuell ein. Dafür stehen Ihnen sieben Stufen von 1/1 bis 1/64 zur Verfügung.

Wenn Sie mit der X-T2 nun eine Aufnahme machen, triggert der Blitz auf der Kamera den drahtlos entfesselten EF-X20. Bitte denken Sie daran, dass auch der Commander-Blitz der Kamera abhängig von den Gegebenheiten und der Motiventfernung Licht auf die Szene werfen kann.

Abbildung 71:
Der **EF-X20** als optisch ausgelöster Slave-Blitz

| TIPP 108 | Großer Meister: der EF-X500 |

Der EF-X500 ist Fujifilms professioneller Aufsteckblitz. Er bietet eine drahtlose TTL-Steuerung von mehreren Blitzgeräten (organisiert in bis zu drei voneinander unabhängigen Gruppen), Stroboskop-Blitzen sowie einen LED-Zweitreflektor, der als Aufhelllicht, als stärkeres AF-Hilfslicht oder als Videolampe dienen kann. Über den FP-Modus steht High-Speed-Synchronisation (HSS) für kurze Verschlusszeiten bis zu 1/8000 s zur Verfügung.

Abbildung 72:
In Verbindung mit dem **EF-X500** bietet das Menü EINSTELLUNG BLITZFUNKTION zusätzliche Einstellungsoptionen wie High-Speed-Sync (FP), Zoom-Einstellungen, Steuerung des Reflektor-Ausleuchtwinkels sowie Einstellungen für den LED-Zweitreflektor.

Sie können den EF-X500 als einzelnen Blitz oder in Master/Slave-Setups mit mehreren drahtlos verbundenen Blitzgeräten einsetzen. Die Kommunikation zwischen den Geräten läuft dabei über Lichtsignale.

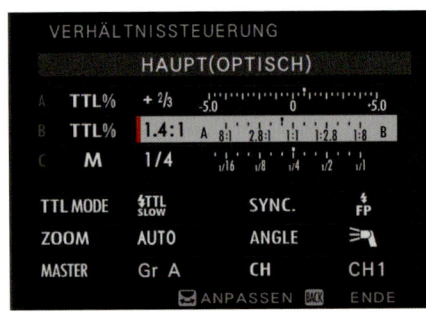

Abbildung 73:
Im **TTL-Master-Modus** kann ein EF-X500 mithilfe von Lichtsignalen mehrere Blitzgeräte steuern, die über bis zu drei voneinander unabhängige Gruppen (A, B, C) verteilt sind. Die Lichtleistung jeder Gruppe kann über TTL, ein TTL-Verhältnis oder manuell gesteuert werden.

Einige Benutzer sind vom EF-X500 aus den folgenden Gründen enttäuscht:

- Der EF-X500 wurde im Januar 2016 angekündigt, jedoch erst im November ausgeliefert.

- Der Blitz ist ziemlich groß, schwer und teuer.

- Die drahtlose TTL-Kommunikation läuft über ein veraltetes Lichtprotokoll anstatt über zeitgemäße Funktechnik.

- Benutzer müssen sich mangels Alternativen einen großen, schweren und teuren EF-X500 als Steuereinheit zulegen.

Es besteht deshalb die Erwartung, dass Dritthersteller im Verlauf des Jahres 2017 kompatible Blitzgeräte mit drahtloser TTL-Funksteuerung, Gruppen-Unterstützung und HSS auf den Markt bringen.

Arbeiten mit »fremden« Blitzgeräten	TIPP 109

An die X-T2 können Sie nicht nur Fujifilm-kompatible Systemblitzgeräte, sondern im Prinzip fast jedes Blitzgerät und jede Blitzanlage anschließen – sowohl per Kabel über den Blitzschuh als auch drahtlos mittels Funkauslöser.

Bitte beachten Sie dabei, dass der Betrieb systemfremder Blitzgeräte nur im manuellen Blitzmodus möglich ist. Das heißt, Sie müssen die Leistung der Blitze an den Geräten selbst einstellen – die Kamera misst und steuert nichts, sondern löst die angeschlossenen Blitzgeräte lediglich synchron aus, wobei 1/250 s wiederum das offizielle Limit für die kürzeste Verschlusszeit ist. Inoffiziell sind jedoch auch mit einigen Fremdblitzen kürzere Blitzsynchronzeiten realisierbar.

Konkrete Erfahrungsberichte, Diskussionen und Problemlösungen zu spezifischen Blitzanlagen und Funkauslösertypen finden Sie in den am Ende dieses Buches genannten Internetforen, die sich mit dem Fuji X-System befassen.

Abbildung 74: Rundum **manuell belichtete Studioaufnahme** mit einer Elinchrom Ranger Quadra-Blitzanlage

Wichtig: *Beim Anschluss von Canon-kompatiblem TTL-Blitzzubehör kann es unter Umständen zur Überhitzung der X-T2 kommen, weil zwar die physischen Kontakte zwischen Fujifilm und Canon übereinstimmen, nicht jedoch die Kontaktbelegung und die Kommunikationsprotokolle. Kleben Sie die Kontakte in solchen Fällen ab oder verwenden Sie einen Blitzschuhadapter, der nur das Sync-Signal und keine TTL-Kontakte durchschleift.*

2.8 FOTOGRAFIEREN MIT ADAPTIERTEN OBJEKTIVEN

Aufgrund des weltrekordverdächtig kurzen Auflagemaßes des X-Mount-Systems kann man im Prinzip fast jedes existierende Kleinbild-, Mittelformat- oder APS-C-Objektiv an der X-T2 verwenden. Zu den etwa zwei Dutzend nativen XF- und XC-Objektiven von Fujinon und Zeiss gesellen sich damit Hunderte von weiteren Optionen. Alles, was Sie dafür brauchen, ist ein passender Adapter.

Der richtige **Objektivadapter**	TIPP 110

X-Mount-Objektivadapter gibt es mittlerweile für sehr viele ältere und aktuelle Objektivanschlüsse. Beachten Sie bei der Auswahl eines Adapters bitte die folgenden Punkte:

- Adapter gibt es in allen Preis- und Qualitätsklassen. Grundsätzlich gilt: »You get what you pay for.« Viele Anbieter verkaufen ihre Produkte nur online über Verkaufsplattformen wie eBay und liefern direkt aus Fernost, vorzugsweise China oder Hongkong. Sparen Sie nicht am falschen Ende. Hervorragende Qualität (zu einem leider sehr hohen Preis) bietet der deutsche Hersteller *Novoflex*. Aber auch die asiatischen Anbieter *Kipon* und *Metabones* haben sich auf dem Adaptermarkt einen guten Namen gemacht und unterstützen eine große Auswahl von Fremdbajonetten.

- Adaptierte Objektive kann man nur mit manueller Scharfstellung verwenden, da es für den X-Mount bislang keinen elektronischen Adapter gibt, der Autofokusprotokolle fremder Objektivhersteller unterstützen und umwandeln könnte.

- Auch die Blendeneinstellung erfolgt stets manuell, die Objektive operieren also immer (auch dann, wenn Sie bloß auf den Live-View schauen) mit der gerade eingestellten Arbeitsblende. Das bedeutet, dass der Sensor (und mit ihm der Live-View und das Live-Histogramm) beim Abblenden zunehmend weniger Licht abbekommt. Aufgrund der manuellen Blendensteuerung können adaptierte Objektive deshalb auch nur in den Belichtungsmodi **A** und **M** verwendet werden.

- Moderne Objektive ohne mechanischen Blendenring, wie sie unter anderem Canon und Nikon im Programm haben, lassen sich zwar mechanisch adaptieren, es gibt jedoch keine Möglichkeit, die elektronisch gesteuerte Blende solcher Objektive von einer X-T2 aus zu verstellen. Einige Objektivadapter besitzen deshalb eigene Blendenringe und -lamellen, mit denen man freilich nicht den Look des adaptierten Objektivs erzielen kann.

- Elektronische Features moderner Objektive wie eine Bildstabilisierung (OIS) werden mangels Kommunikation zwischen der X-T2 und adaptierten Objektiven nicht unterstützt.

- Mit dem *Speed Booster* bzw. dem verbesserten *Speed Booster Ultra* von Metabones ist es möglich, Kleinbildobjektive mit klassischen Bajonetten wie Contax/Zeiss, Canon FD, Nikon G, Minolta MD oder Leica R an der X-T2 ohne den sonst üblichen Bildwinkelbeschnitt (Crop) zu verwenden. Sie können stattdessen nahezu den vollen Kleinbild-Bildwinkel auf den APS-C-Sensor abbilden. Es handelt sich hierbei um einen Reduktionsadapter (das Gegenteil eines Telekonverters) [68], der die Brennweite eines angeschlossenen Kleinbildobjektivs um den Faktor 0,71 verringert und die Lichtstärke dabei um ca. eine Blendenstufe erhöht. Speed-Booster-Adapter sind mit ca. 400 bis 600 Dollar alles andere als günstig, qualitativ jedoch besser als Nachahmerprodukte wie der *Lens Turbo II* von Zhongyi Mitakon.

- Fujifilm hat einen eigenen Adapter für das M-System von Leica im Programm. Dieser einzige »offizielle« Adapter verfügt über elektronische Kontakte und wird deshalb automatisch von der Kamera erkannt und akzeptiert. Er besitzt außerdem eine eigene Funktionstaste, mit der Sie direkt in das Menü ADAPTEREINST. der Kamera gelangen. Bei allen anderen Adaptern müssen Sie vor dem Fotografieren EINRICHTUNG > TASTEN/RAD-EINSTELLUNG > AUFN. OHNE OBJ. auf AN stellen, da die X-T2 sonst keine Fotos macht.

- Vorsicht vor billigen Makro-Zwischenringen mit elektronischen Kontakten. Diese aus Fernost stammenden Adapter sind dafür gedacht, den Abbildungsmaßstab von nativen XF-Objektiven zu verbessern und sie makrotauglicher zu machen. Allerdings schwankt die Qualität dieser Adapterringe so stark, dass sie Kameras und Objektive beschädigen können. Stattdessen empfehle ich Ihnen die Verwendung von Fujis eigenen Makro-Zwischenringen MCEX-11 und MCEX-16.

- Kombinieren Sie nicht mehrere Adapter – ein Adapter ist genug! Die Qualitätsverluste, die durch das Hintereinanderschalten mehrerer Adapter (etwa Canon FD auf Leica M und anschließend Leica M auf Fuji X) auftreten, sind nicht nur messbar, sondern meist auch sichtbar. Besorgen Sie sich lieber *einen* passenden Adapter (etwa Canon FD auf Fuji X).

Fremdobjektive adaptieren – so geht's … | TIPP 111

Nachdem die mechanische Kompatibilität mit einem passenden Adapter hergestellt wurde, können Sie das Fremdobjektiv an den X-Mount Ihrer X-T2 anschließen. Die Kamera wird davon (mangels elektronischer Kontakte im Adapter) in der Regel freilich nichts bemerken und folglich davon ausgehen, dass kein Objektiv angeschlossen ist.

- Damit Sie mit adaptierten Objektiven überhaupt fotografieren können, müssen Sie der Kamera erlauben, Aufnahmen auch ohne Objektiv zu machen. Wählen Sie hierzu EINRICHTUNG > TASTEN/RAD-EINSTELLUNG > AUFN. OHNE OBJ. > AN.

- Wählen Sie unter AUFNAHME-EINSTELLUNG > ADAPTEREINST.> OBJEKTIV-REGISTRIERUNG die Brennweite des adaptierten Objektivs aus. Steht die Brennweite nicht in der Liste, können Sie unter OBJ. 5 und OBJ. 6 jeweils selbst eine Brennweite eintragen. Bitte verwenden Sie hier stets die tatsächliche Brennweite des Objektivs (also das, was auf der Optik steht), nicht das Kleinbildäquivalent. Ein korrekter Eintrag stellt sicher, dass die Brennweite in den EXIF-Daten [16] Ihrer Aufnahmen richtig angezeigt wird.

| TIPP 112 | Belichten mit adaptierten Objektiven |

Mit adaptierten Objektiven stehen Ihnen nur die Zeitautomatik **A** sowie der manuelle Modus **M** zur Verfügung. Doch auch in diesen beiden Modi gibt es Unterschiede gegenüber der Arbeit mit nativen Objektiven:

- Während native Objektive die gewählte Arbeitsblende erst beim Andrücken des Auslösers einstellen, dunkeln adaptierte Objektive direkt ab, wenn man am Blendenring eine kleinere Blende wählt.

- Beim Abblenden erhöht sich im Sucherbild die Schärfentiefe, gleichzeitig fällt weniger Licht auf den Sensor, sodass die Kamera das elektronische Sucherbild noch mehr verstärken muss, was sich bei schwachem Licht und kleinen Blenden negativ auf die Qualität der Anzeige und die Bildwiederholrate auswirken kann.

- Für die Kamera stellt sich die Situation so dar, als wäre gar kein Objektiv angeschlossen. Mangels Datenübertragung wird als eingestellte Blende deshalb stets »F0« im Sucher angezeigt. Auch in den EXIF-Daten wird die eingestellte Blende somit nicht vermerkt.

- Wenn Sie bei schwachem Licht fotografieren und dabei mit adaptierten Objektiven abblenden, kann es passieren, dass das Licht, das auf den Sensor fällt, nicht mehr für eine WYSIWYG-Darstellung im Live-View ausreicht. Live-View und Live-Histogramm erscheinen dann dunkler, als die Aufnahme tatsächlich ausfällt, da die Sucherbildverstärkung ihr Limit erreicht hat und das Sucherbild nicht weiter aufgehellt werden kann. Die Belichtungsmessung arbeitet jedoch weiterhin korrekt und die im manuellen Modus **M** links im Sucherbild eingeblendete Lichtwaage (±3 EV) ist weiterhin gültig.

- Da dem Live-View bei adaptierten Objektiven keine schnelle Lichtmengenkontrolle über eine variable Blende zur Verfügung steht, dauert es etwas länger, bis sich die Kamera (und damit die Belichtungsmessung) auf schnell wechselnde Lichtverhältnisse einstellt. Sie können das selbst ausprobieren, indem Sie die X-T2 mit einem adaptierten Objektiv von einer sehr hellen zu einer dunklen Szene und wieder zurück schwenken. Geben Sie der Kamera ein bis zwei Sekunden Zeit, um sich an neue Lichtverhältnisse anzupassen.

| Fokussieren mit adaptierten Objektiven | TIPP 113 |

Adaptierte Objektive können nur mit manueller Fokussierung betrieben werden. Glücklicherweise stellt die X-T2 einige Hilfsmittel zur Verfügung, die das Scharfstellen erleichtern. Folgendes sollten Sie beachten:

- Stellen Sie den Fokuswahlschalter der X-T2 auf manuellen Fokus ein. Nur in diesem Modus stehen Ihnen Fokushilfen wie die zweistufige Sucherlupe, Focus Peaking und das digitale Schnittbild zur Verfügung.

- Die elektronische Entfernungs- und Schärfentiefe-Skala der X-T2 ist bei adaptierten Objektiven nutzlos, da diese Objektive keine Daten an die Kamera übertragen können. Verwenden Sie stattdessen die auf vielen Objektiven eingeprägten Entfernungs- und Schärfentiefe-Skalen. Bedenken Sie dabei jedoch, dass diese Angaben gerade bei älteren Objektiven oft deutlich liberaler als bei nativen X-Mount-Objektiven sind. Bestenfalls entsprechen sie der Schärfentiefe-Skala-Option FILMFORMAT-BASIS.

- Das wohl wichtigste Hilfsmittel beim manuellen Fokussieren ist die Sucherlupe, die Sie durch Drücken des hinteren Einstellrads aktivieren können. Drehen Sie dann am hinteren Einstellrad, um zwischen den beiden Vergrößerungsstufen zu wechseln. Auch hier gilt: Vermeiden Sie es, mit dem mittleren Fokusfeld zu fokussieren und anschließend zu verschwenken. Verschieben Sie den Fokusrahmen stattdessen mit dem Fokus-Stick zu dem Motivbereich, auf den Sie manuell scharfstellen möchten.

- Verwenden Sie Focus Peaking oder das digitale Schnittbild als Fokusassistenten. Sie können zwischen den verschiedenen Assistenten und der Standardansicht wechseln, indem Sie das hintere Einstellrad jeweils einige Sekunden lang gedrückt halten. Die Sucherlupe steht Ihnen auch in Kombination mit den Fokusassistenten zur Verfügung, beim digitalen Schnittbild ist jedoch nur *eine* Vergrößerungsstufe möglich.

- Sucherlupe und Fokusassistenten arbeiten am effektivsten, wenn sie bei weit offener Blende eingesetzt werden. Die Schärfentiefe ist bei Offenblende am geringsten, sodass punktgenaues Scharfstellen einfacher möglich ist. Allerdings: Manche Objektive haben einen ausgeprägten

»Fokusdrift«, das heißt, ihre Fokusebene verschiebt sich beim Abblenden. In diesem Fall kann es sein, dass die durchs Abblenden gewonnene Schärfentiefe nicht ausreicht und sich das Motiv auf einmal außerhalb der Schärfezone befindet. Bei Objektiven mit ausgeprägtem Fokusdrift ist es deshalb besser, in den sauren Apfel zu beißen und mit (oder zumindest nahe) der Arbeitsblende scharfzustellen.

TIPP 114	Arbeiten mit dem **Fujifilm M-Mount-Adapter**

Der Fujifilm M-Mount-Adapter ist Fujis einziger offizieller Adapter für Fremdobjektive. Dementsprechend sind auch die Optionen im Adaptermenü (AUFNAHME-EINSTELLUNG > ADAPTEREINST.) auf das Leica M-System und seine wichtigsten bzw. beliebtesten Brennweiten ausgerichtet. Gegenüber Adaptern von Drittanbietern weist der Fuji M-Adapter einige Besonderheiten auf:

- Der Fuji M-Adapter besitzt elektronische XF-Kontakte, die ihn gegenüber der Kamera als offizielles Fujifilm-Produkt identifizieren. Diese Kontakte übertragen jedoch keine Daten vom adaptierten Objektiv zur Kamera. Die Kontakte verengen außerdem den Anschluss, sodass einige M-Objektive mit diesem Adapter nicht mechanisch kompatibel sind. Eine Liste mit kompatiblen und nicht kompatiblen Objektiven finden Sie auf der Website [69] von Fujifilm. Darüber hinaus liegt dem Adapter eine Schablone bei, mit der Sie selbst feststellen können, ob Ihr M-Objektiv mechanisch an den Adapter passt.

- Eine Funktionstaste auf dem Adapter ruft ohne Umwege das Adaptermenü der Kamera auf, wo Sie die Brennweite des adaptierten Objektivs auswählen oder einstellen können.

- Das Adaptermenü der X-T2 bietet bei Verwendung des Fuji M-Adapters einige zusätzliche Funktionen, die normalerweise (also mit anderen Adaptern) nicht zur Verfügung stehen. Dabei handelt es sich um Korrektureinstellungen für *Verzeichnung*, *Farbsäume* und *Vignettierung*. Die dort eingestellten Korrekturen wirken sich direkt auf die in der Kamera erzeugten JPEGs aus, werden jedoch auch als Metadaten in den RAW-Dateien vermerkt, wo sie externen RAW-Konvertern zur Verfügung stehen. Diese Programme können die Korrekturdaten für Verzeichnung und Vignettierung dann genauso wie bei nativen XF- oder XC-Objektiven nutzen. Mit den Farbsaumkorrekturen können die Programme bisher allerdings nichts anfangen. Sie können für jedes der sechs im Adaptermenü angebotenen Objektive andere Korrekturen einstellen. Bitte beachten Sie, dass Sie passende Korrekturen für Verzeichnung, Farbsäume und Vignettierung manuell anhand geeigneter Testmotive oder Charts ermitteln müssen.

Abbildung 75: Der **Fujifilm M-Mount-Adapter** besitzt elektronische Kontakte und eine Funktionstaste, mit der sich das Adaptermenü der Kamera direkt aufrufen lässt.

Die Sache mit der Qualität	TIPP 115

»Pixel-Peepen« ist en vogue, doch viele klassische Objektive – oft liebevoll »Altglas« genannt – machen da nicht mit. Sie stammen aus der analogen Ära und sind nicht an die Besonderheiten digitaler Sensoren angepasst. Während manch edles (und teures) Leica-Objektiv an digitalen Kameras wie der X-T2 enttäuscht, liefern einige sehr preiswerte Objektive hervorragende Resultate.

Wie ist das zu erklären?

Häufig liegt es an der Bauweise des Objektivs. Kompakte Objektive mit symmetrischer Bauweise und geringem Auflagemaß (etwa für Leica M) bereiten tendenziell mehr Schwierigkeiten als telezentrische Objektive mit großem Auflagemaß (etwa für Spiegelreflexsysteme). Marke und Preis haben auf die Bildqualität an einer X-T2 somit weniger Einfluss, als dies manchen Zeitgenossen lieb sein dürfte, die mit solchen Statussymbolen gern hausieren gehen.

Bedenken Sie auch, dass die meisten adaptierten Objektive für das Kleinbildformat (36 × 24 mm) [70] gerechnet wurden. An der X-T2 mit ihrem kleineren APS-C-Sensor (23,7 × 15,6 mm) [71] wird das Bildformat solcher Objektive also beschnitten. Hätte der Sensor in der X-T2 Kleinbildausmaße, betrüge seine Auflösung bei gleichem Pixelabstand nicht 16, sondern mehr als 36 Megapixel – so viel wie bei einer Nikon D810 oder Sony A7r. Tatsächlich gibt es nur wenige sehr teure Kleinbildobjektive, die solche Auflösungen praktisch ausreizen können. Dies von analogem »Altglas« aus dem letzten Jahrtausend zu erwarten, ist sicherlich der falsche Ansatz.

Dafür bieten viele ältere Objektive etwas anderes, nämlich Charakter. Gerade weil maximale Schärfe und Auflösung im Analogzeitalter (mangels entsprechend hochauflösender Filme) oft einen geringeren Stellenwert einnahmen als heute, konnten die Designer andere Qualitäten in den Vordergrund rücken – etwa ein schmeichelndes Bokeh [72].

Abbildung 76: Gutes »Altglas« muss nicht teuer sein: Diese Aufnahme entstand mit einem russischen **Helios 44M-4,** einem Objektiv mit 58 mm Brennweite, Lichtstärke 2 und M42-Schraubgewindeanschluss, das man für weniger als 20 Euro in Online-Auktionshäusern gebraucht bekommen kann.

| Speed Booster – Wunderwaffe oder Scharlatanerie? | TIPP 116 |

Der Speed Booster bzw. Speed Booster Ultra von Metabones ist ein Adapter wie kein anderer: Er bringt Kleinbildobjektive mit der X-T2 zusammen, ohne dass das Bildformat des Objektivs beschnitten wird. Die Kombination aus Speed Booster und Kleinbildobjektiv ergibt eine neue optische Einheit mit APS-C-Bildkreis, deren Kleinbildäquivalent ziemlich genau dem entspricht, was das adaptierte Objektiv ohne Speed Booster an einer Kleinbildkamera leisten würde.

Verwirrend?

Machen wir einfach die Probe aufs Exempel und sehen uns eine konkrete Optik an, nämlich mein *Carl Zeiss Sonnar T* 2.8/180 MM*, ein klassisches Teleobjektiv mit Contax/Yashica-Kleinbildanschluss. Ohne Speed Booster, also mit einem herkömmlichen Adapter, wird aus diesem Objektiv an einer X-T2 ein Objektiv mit einem Kleinbildäquivalent von 270 mm und einer Anfangsblende von 4,2. Dies ergibt sich aus dem Cropfaktor von 1,5 des APS-C-Sensors gegenüber einem Kleinbildsensor: Wir multiplizieren die Offenblende und die Brennweite eines an APS-C montierten Objektivs einfach mit 1,5 und erhalten so die Brennweite und Blende, die an einer Kleinbildkamera ein äquivalentes Resultat erzeugen würde – äquivalent im Sinne von Bildwinkel und Schärfentiefe.

Anders gesagt: Wenn Sie ein 180 mm langes Objektiv an eine X-T2 anschließen und mit Blende 2,8 eine Aufnahme machen, dann entspricht das Bildergebnis dem eines 270-mm-Objektivs an einer Kleinbildkamera mit Blende 4,2.

Viele Besitzer älterer Kleinbildobjektive wünschen sich natürlich, den Bildwinkel und die Schärfentiefe ihres Objektivs *ohne* Cropfaktor auch an einer APS-C-Kamera wie der X-T2 erleben zu können. Hier kommt der Speed Booster ins Spiel: Er arbeitet wie ein umgekehrter Telekonverter und reduziert die Brennweite des Kleinbildobjektivs um den Faktor 0,71. Gleichzeitig erhöht sich die Lichtstärke des Objektivs entsprechend. Aus meinem 2.8/180-mm-Sonnar macht der Speed Booster somit (aufgerundet) ein 2/128-mm-Objektiv mit einem zum APS-C-Sensor passenden Bildkreis. Das Kleinbildäquivalent dieses »neuen Objektivs« liegt mit 3/190 mm (wir multiplizieren 2/128 einfach wieder mit dem Cropfaktor 1,5) nicht weit von unserem »ursprünglichen« Kleinbildobjektiv entfernt. Es ist uns also tatsächlich gelungen, Bildwinkel und Schärfentiefe des Objektivs von einer Kleinbildkamera auf eine Kamera mit APS-C-Sensor zu übertragen.

Aber zu welchem Preis?

Zum einen ist der Speed Booster nicht gerade preiswert und kostet schnell mehr als das Objektiv, das Sie damit adaptieren möchten. Zum anderen kann es bei lichtstarken Objektiven an den Bildrändern zu einer zusätzlichen Vignettierung kommen. Die optische Qualität des Speed Booster ist allerdings über jeden Zweifel erhaben und der von günstigeren Nachahmerprodukten wie des Lens Turbo deutlich überlegen.

Der Name »Speed Booster« leitet sich übrigens aus der Eigenschaft ab, die Lichtstärke des adaptierten Objektivs um etwa eine Blendenstufe zu erhöhen, sodass Sie entsprechend kürzere Verschlusszeiten verwenden oder niedrigere ISO-Werte einstellen können. Wenn man davon ausgeht, dass ein moderner Kleinbildsensor beim Rauschverhalten einem genauso modernen APS-C-Sensor um eine Blendenstufe überlegen ist, kann der Speed Booster also auch hier Äquivalenz herstellen.

Beispiel: Angenommen, Sie benötigen ISO 800, um eine Szene mit einem 180-mm-Objektiv und Offenblende 2,8 an einer Kleinbildkamera mit 1/1000 s zu fotografieren. Mit der X-T2 erhalten Sie durch die äquivalente 2/128-mm-Optik bei Offenblende 2 und ISO 400 dann ebenfalls 1/1000 s. Die Ergebnisse gleichen sich nicht nur in puncto Bildwinkel und Schärfentiefe, auch die Bildqualität dürfte sich kaum unterscheiden, da der kleinere APS-C-Sensor weniger Signalverstärkung betreiben musste.

Abbildung 77:
Metabones **Speed Booster** mit Contax-Anschluss

Speed Booster gibt es für verschiedene klassische Kleinbildbajonette, etwa Canon FD, Nikon G, Contax/Yashica (Zeiss), Minolta MD, Contarex, ALPA und Leica R. Für Leica M wird es leider keinen Speed Booster geben – M-Adapter sind für die Optik des Speed Booster einfach zu dünn.

2.9 DRAHTLOSE FERNSTEUERUNG UND TETHERING

Mit Fujifilms *Camera Remote*-App, die auf iOS- und Android-Geräten läuft, kann man die X-T2 mit einem Live-View-Bild und einer Touchscreen-Schnittstelle fernsteuern und dabei den Fokuspunkt sowie verschiedene Aufnahmeparameter festlegen.

Arbeiten mit der **Camera Remote-App**	TIPP 117

Mit Camera Remote für iOS und Android steuern Sie die X-T2 von einem Smartphone oder Tablet aus. Die drahtlose Verbindung läuft dabei direkt über die Wi-Fi-Funktionen der beteiligten Geräte.

Um Camera Remote zu verwenden, müssen Sie die App zuerst herunterladen und auf Ihrem Smartphone oder Tablet installieren. Sie finden entsprechende Links und weitere Informationen zur Bedienung der App hier.

Wichtig: *Stellen Sie sicher, dass Sie die App mit Namen »****Cam Remote****« und nicht die ältere (und inkompatible) »****Camera App****« verwenden.*

So funktioniert Camera Remote mit meinen iOS-Geräten (und mit Android-Geräten sollte es nicht viel anders sein):

- Wählen Sie AUFNAHME-EINSTELLUNG > DRAHTLOS-KOMM. an Ihrer Kamera. Die Kamera sendet nun ein Wi-Fi-Signal aus, das für Ihr Smartphone oder Tablet sichtbar ist.

- Verbinden Sie das Smartphone oder Tablet mit dem Wi-Fi-Netz der X-T2. Jede Kamera hat von Haus aus einen eigenen Netzwerknamen, den Sie jedoch nach Ihren Wünschen anpassen können, indem Sie EINRICHTUNG > VERBINDUNGS-EINSTELLUNG > FUNKEINSTELLUNGEN > ALLG. EINSTELLUNGEN > NAME aufrufen und den Netzwerknamen der Kamera ändern.

- Starten Sie die Camera Remote-App auf Ihrem Mobilgerät und wählen dort die Funktion »Fernbedienung« und anschließend »Verbinden«. Das Mobilgerät übernimmt nun die Kontrolle über Ihre X-T2. Sie sehen dort nun einen Live-View und (je nach Belichtungsmodus) Einstellungen für die Blende, die Belichtungszeit oder die Belichtungskorrektur. Es gibt auch ein kleines Aufnahmemenü, in dem Sie Parameter wie ISO, die Filmsimulation, den Weißabgleich, Makro, den Blitzmodus oder den Selbstauslöser einstellen können.

- Zum Fokussieren tippen Sie einfach zweimal schnell hintereinander auf den Teil des Live-Views, auf den die Kamera scharfstellen soll. Die Fokusbestätigung erfolgt dann wie gewohnt über einen grünen Fokusfeldrahmen im Live-View des Mobilgeräts (sowie mit einem Piepton an der Kamera). Findet die Kamera keinen Fokus, wird das Fokusrechteck in Rot dargestellt.

- Passen Sie die Belichtung nach Wunsch an. Dabei hilft Ihnen die Helligkeit des Live-Views in der Camera Remote-App. Leider steht kein Live-Histogramm zur Verfügung.

Drahtlose Fernsteuerung und Tethering 215

Abbildung 78: **Camera Remote** ist eine einfache Schnittstelle, um die X-T2 von einem Mobilgerät aus fernzusteuern. Zum Fokussieren tippen Sie mit dem Finger zweimal auf die gewünschte Stelle des WYSIWYG-Live-Views und warten auf den grünen Bestätigungsrahmen. Leider gibt es in Camera Remote kein Live-Histogramm und keine Ausschnittvergrößerung. Es gibt lediglich ein rudimentäres Aufnahmemenü, einen virtuellen Auslöseknopf und eine Wiedergabefunktion, mit der Sie bereits gemachte Aufnahmen anzeigen und auf Ihr Mobilgerät übertragen können.

Folgendes sollten Sie über Camera Remote wissen:

- Mit der Camera Remote-App können Sie zwar Aufnahmeparameter wie Blende, Verschlusszeit, ISO oder Belichtungskorrektur anpassen, nicht jedoch den Belichtungsmodus ändern. Das bedeutet, dass Sie den Belichtungsmodus (P, A, S oder M) selbst an der Kamera vorwählen müssen, *bevor* Sie im Aufnahmemenü DRAHTLOS-KOMM. auswählen. Um den Belichtungsmodus während einer laufenden Remote-Session zu ändern, müssen Sie Camera Remote deshalb erst abbrechen, den Belichtungsmodus in der Kamera umstellen und das Netzwerk der X-T2 anschließend neu mit dem Mobilgerät und Camera Remote verbinden. Das ist – gelinde gesagt – ausgesprochen umständlich und mühsam.

- Camera Remote stellt weder ein Live-Histogramm noch eine elektronische Wasserwaagen-Anzeige zur Verfügung. Wenn Sie die Kamera auf einem Stativ ausrichten möchten, sollten Sie das also vorher mit dem eingebauten Display tun.

- Sie können nur eine begrenzte Auswahl von Aufnahmeparametern mit der Camera Remote-App steuern (ISO, Filmsimulation, Weißabgleicheinstellung, Makro, Blitzmodus, Selbstauslöser). Andere Einstellungen wie den Dynamikbereich oder die Auto-ISO-Mindestverschlusszeit müssen Sie an der Kamera vornehmen, bevor Sie die X-T2 mit Camera Remote verbinden.

- Camera Remote besitzt keine Bulb-Funktion für Langzeitbelichtungen. Verwenden Sie in solchen Fällen besser einen regulären Fernauslöser.

- Die X-T2 kann über Camera Remote auch Videos aufnehmen.

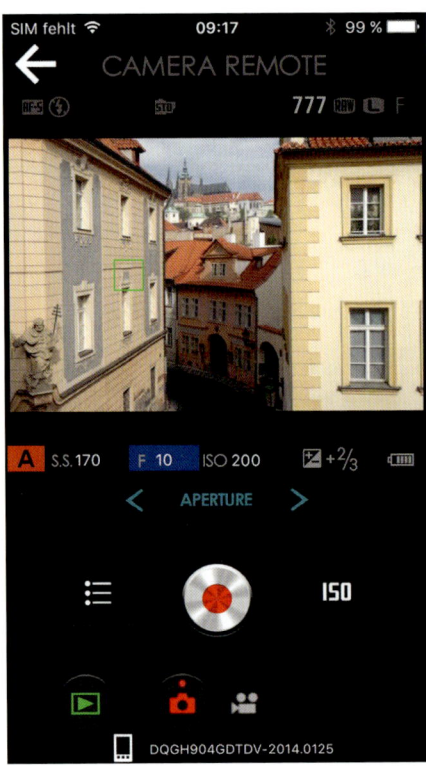

Abbildung 79:
Jede Änderung eines Belichtungsparameters wirkt sich auf die Helligkeit der WYSIWYG-Live-View-Anzeige aus. Der Live-View auf dem Mobilgerät spiegelt stets die aktuelle Filmsimulation und die an der Kamera eingestellten JPEG-Parameter wider. Eine Vorschau manuell vorgenommener DR-Einstellungen (DR200%, DR400%) findet ebenfalls statt.

Hier folgen ein paar Tipps und Tricks für Camera Remote:

- Ich verwende die App überwiegend im manuellen Modus M, den ich für besonders praktisch halte, da sich jede Änderung eines Aufnahmeparameters (Blende, Belichtungszeit, ISO) direkt auf die Anzeige auf dem Mobilgerät auswirkt.

- Wer mit iOS arbeitet, ist schnell von der Notwendigkeit genervt, die Kamera nach jedem Moduswechsel erneut mit dem Mobilgerät verbinden zu müssen. Dies gilt insbesondere für zu Hause durchgeführte Testaufnahmen, wo sich das Mobilgerät nach jeder Verbindungstrennung automatisch wieder ins heimische WLAN einwählt. Im freien Feld passiert das seltener, weil das Netz der Kamera dort oft das einzige dem Mobilgerät bekannte Netzwerk ist.

- Einige Benutzer berichten manchmal von Verbindungsabbrüchen aufgrund von Interferenzen mit anderen Netzen, die auf dem gleichen Wi-Fi-Kanal senden wie die Kamera. Leider kann man den Wi-Fi-Kanal an der Kamera nicht umstellen.

- Um JPEGs von der Kamera mit voller 24-MP-Auflösung auf Ihr Mobilgerät zu übertragen, wählen Sie EINRICHTUNG > VERBINDUNGS-EINSTELLUNG > FUNKEINSTELLUNG > VERKLEINERN > AUS. Ansonsten überträgt die Kamera Ihre Aufnahmen nur mit einer reduzierten Auflösung von 3 Megapixeln. Die Übertragung von RAW-Dateien ist mit Camera Remote grundsätzlich nicht möglich.

- Manuell vorgenommene DR-Erweiterungseinstellungen wie DR200% oder DR400% werden von der X-T2 im Live-View simuliert. JPEG-Einstellungen wie etwa für den Kontrast (TON LICHTER, SCHATTIER. TON) oder der Weißabgleich werden ebenfalls in Camera Remote dargestellt. Im manuellen Modus M zeigt der Live-View von Camera Remote außerdem auch die Einstellung an, die in EINRICHTUNG > DISPLAY-EINSTELLUNG > BEL.-VORSCHAU/WEISSABGLEICH MAN. ausgewählt wurde.

- Die drahtlose Fernsteuerung verbraucht viel Energie, packen Sie deshalb stets ausreichend Ersatzbatterien ein oder benutzen Sie den CP-W126 DC-Stromadapter [73] zusammen mit einem AC-9V-Netzteil [74], um die

X-T2 direkt an das normale Stromnetz anzuschließen. Wenn Sie einen Vertical Power Booster Grip verwenden, können Sie diesen direkt mit dem mitgelieferten Netzteil oder einem AC-9V verbinden.

Neben der Fernsteuerung [75] der Kamera bietet Camera Remote auch weitere Funktionen, etwa um Aufnahmen von der Kamera zum Mobilgerät zu übertragen – entweder einzeln [76] oder in Gruppen [77]. Außerdem können Sie GPS-Standortdaten [78] von Ihrem Mobilgerät auf die Kamera übertragen. Bitte klicken Sie für weitere Informationen und bebilderte Anleitungen zu diesen Funktionen auf die jeweiligen Links.

| TIPP 118 | **Live-View-Streaming** über HDMI |

Die X-T2 ist Fujifilms erste Kamera mit Live-View-Streaming über ihren Micro-HDMI-Ausgang. Das bedeutet, dass Sie den Inhalt des Live-Views über ein passendes HDMI-Kabel auf einem HD-Fernseher, Beamer oder Monitor spiegeln können.

Dabei handelt es sich um ein nützliches Feature für Workshops, Produkt-Demonstrationen oder Produktionen für Kunden, die »live« sehen wollen, was der Fotograf gerade aufnimmt.

Sie können den HDMI-Output der Kamera auch in einen HD-Frame-Grabber einspeisen, den Sie wiederum an Ihren Computer anschließen. Auf diese Weise können Sie den Live-View-Inhalt als Video aufzeichnen oder Screenshots erstellen.

| TIPP 119 | **Tethering** via USB |

Tethering ist die Steuerung der Kamera über einen Computer, der in diesem Fall über ein USB-3-Kabel mit der Kamera verbunden ist.

Um Tethering verwenden zu können, muss die X-T2 mit Firmware 1.10 oder höher laufen. Außerdem muss entweder USB AUTO oder USB FEST im Menü EINRICHTUNG > VERBINDINGS-EINSTELLUNG > PC-AUFNAHME-MODUS ausgewählt sein. Auf diese Weise erkennt die X-T2 automatisch eine Tether-Computerverbindung (AUTO) oder wird dazu gezwungen

(FEST), wodurch die Steuerung der Kamera an den PC und die auf ihm laufende Tethering-Software abgegeben wird.

Zwei grundsätzliche Software-Optionen stehen dafür zur Verfügung:

- **HS-V5** (Version 1.3 oder höher) ist eine auf Windows beschränkte Software von Fujifilm. Bitte beachten Sie, dass HS-V5 (anders als bei der X-T1) bei der X-T2 nur die notwendigsten Funktionen steuert, sodass etwa drei Viertel der gewohnten Funktionalität verloren gehen. Doch keine Bange: Was bei HS-V5 weggefallen ist, wurde beim neuen Tether Shooting-Plug-in PRO für Adobe Lightroom mehr als wettgemacht. HS-V5 ist kostenpflichtig und kann direkt bei Fujifilm erworben werden. Benutzer älterer Versionen erhalten ein kostenloses Update auf die neue Version 1.3.

- Das **Tether Shooting-Plug-in PRO für Adobe Lightroom** ist ein neues Plug-in für Mac OS oder Windows. Lightroom-Benutzer können es sich für $ 79 bei Adobe [79] herunterladen. Das PRO-Plug-in bietet auf dem Rechner einen Live-View und ermöglicht die Kontrolle der meisten Kamerafunktionen. Darüber hinaus gibt es auch eine günstigere Basisversion des Plug-ins, das Nutzern früherer Versionen (etwa von Version 1.2) als kostenloses Update auf der Website von Fujifilm zur Verfügung steht und neben der X-T1 nun auch die X-T2 unterstützt. Auch das neue PRO-Plug-in unterstützt neben der X-T2 die X-T1, sodass Sie für beide Kameras nur eine Software kaufen müssen.

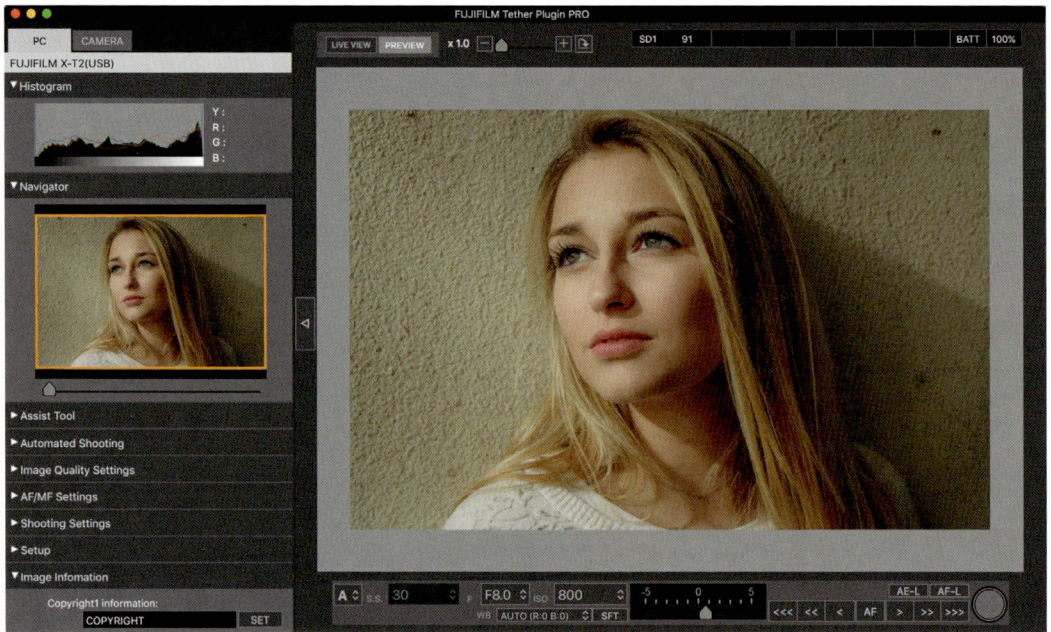

Abbildung 80: Das neue **Tether Shooting-Plug-in PRO für Adobe Lightroom** unterstützt die X-T1 und X-T2 und bietet dabei ein Live-View-Bild sowie umfassende Steuerungsmöglichkeiten für die Kamera. Zu den neuen Funktionen zählen ein Farbhistogramm, Fokus-Stacking, erweiterte Belichtungsreihen (Bracketing) und die Möglichkeit, Copyright-Informationen einzutragen. Außerdem können Sie komplette Kamerakonfigurationen abspeichern und auf Knopfdruck in die Kamera hochladen.

2.10 SONST NOCH WAS?

Dieses Buch hat hoffentlich viele Ihrer Fragen rund um die X-T2 beantwortet. Das Ende der Fahnenstange ist damit allerdings noch nicht erreicht. Wenn Sie über das Fujifilm X-System auf dem Laufenden bleiben möchten, empfehle ich Ihnen, meine beiden Blogs zu lesen und sich in deutschen und englischsprachigen Foren umzusehen, die sich mit dem X-System beschäftigen.

Foren, Blogs und Workshops – machen Sie mit!	TIPP 120

Der doppeldeutige Titel »X-Pert« hat seinen Ursprung in meinem Blog *X-Pert Corner,* in dem ich seit einigen Jahren neue Produkte vorstelle und Servicethemen rund um Fuji X behandle. Das Blog ergänzt auch dieses Buch, etwa indem dort Firmware-Änderungen besprochen werden, die immer wieder neue oder geänderte Kamerafunktionen mit sich bringen.

- Auf Flickr [34] können Sie auf die hochauflösenden Versionen ausgewählter Abbildungen dieses Buches zugreifen.

- Auf Fuji X Secrets [80] finden Sie Artikel, die dieses Buch aktualisieren, wenn neue Firmware und Funktionen für die X-T2 erscheinen.

- Sie finden mein englischsprachiges *X-Pert Corner*-Blog auf Fujirumors [81].

- Das derzeit einzige deutschsprachige Forum, das sich auf die X-Serie spezialisiert hat, nennt sich treffenderweise »Fuji X Forum«. Der Schwerpunkt der Diskussionen liegt dabei auf dem X-Mount-System, zu dem auch die X-T2 gehört. Sie finden das Forum unter Fuji X Forum [82].

- Englischsprachige Foren, die Fujifilms X-Serie zum Thema gemacht haben, sind das »originale« Fuji X Forum [83], das »ultimative« Fuji X Forum [84], das Fuji X Series Camera Forum [85] und FujiXSpot [86]. Im letztgenannten Forum unterhalte ich auch einen eigenen »Fragen & Antworten«-Bereich.

- Über Bücher, Blogs und Foren hinaus biete ich unter dem Titelmotto Fuji X Secrets [58] auch Workshops und Fotoreisen für Benutzer des Fuji X-Systems (und solche, die es werden wollen) an. Diese in Kooperation mit der FUJIFILMSchool [87] angebotenen Workshops behandeln die gleichen Themen wie das vorliegende Buch – jedoch mit dem Unterschied, dass wir uns die Tipps und Tricks in kleinen Gruppen von meist vier Teilnehmern interaktiv erarbeiten. Theorie und Praxis kommen hier nahtlos zusammen und natürlich können Sie mich alles fragen, was Sie schon immer über das X-System wissen wollten. Im Jahr 2015 führte uns die Fuji X Secrets-Fotoreise nach Istanbul und im November 2016 hielten wir zwei exklusive einwöchige Workshops in Phuket (Thailand) ab. Für Ende Mai 2017 planen wir einen Workshop auf der Kanalinsel Guernsey und für Ende 2017 einen exklusiven Reiseworkshop in Neuseeland.

3. WEBSITEN ZUR FUJIFILM X-T2

[1] http://www.dpunkt.de/x-t2/handbuch
[2] http://www.dpunkt.de/x-t2/firmware
[3] http://www.dpunkt.de/x-t2/faq
[4] http://www.dpunkt.de/x-t2/anleitung-win
[5] http://www.dpunkt.de/x-t2/anleitung-macos
[6] http://www.dpunkt.de/x-t2/booster-grip
[7] http://www.dpunkt.de/x-t2/live-view
[8] http://www.dpunkt.de/x-t2/bildstabilisierung
[9] http://www.dpunkt.de/x-t2/bewegungsunschaerfe
[10] http://www.dpunkt.de/x-t2/mitziehen
[11] http://www.dpunkt.de/x-t2/vignettierung
[12] http://www.dpunkt.de/x-t2/verzeichnung
[13] http://www.dpunkt.de/x-t2/farbquerfehler
[14] http://www.triggertrap.com
[15] http://www.dpunkt.de/x-t2/remote-app
[16] http://www.dpunkt.de/x-t2/exif
[17] http://www.dpunkt.de/x-t2/rohdatenformat
[18] http://www.dpunkt.de/x-t2/wysiwyg
[19] http://www.dpunkt.de/x-t2/zonensystem
[20] http://www.dpunkt.de/x-t2/schaerfentiefe
[21] http://www.dpunkt.de/x-t2/beugungsunschaerfe
[22] http://www.dpunkt.de/x-t2/zeitautomatik
[23] http://www.dpunkt.de/x-t2/offenblende
[24] http://www.dpunkt.de/x-t2/blendenautomatik
[25] http://www.dpunkt.de/x-t2/verwackeln
[26] http://www.dpunkt.de/x-t2/formatfaktor
[27] http://www.dpunkt.de/x-t2/verschlusszeit
[28] http://www.dpunkt.de/x-t2/programm-shift
[29] http://www.dpunkt.de/x-t2/belichtungsreihe
[30] http://www.dpunkt.de/x-t2/langzeitbelichtung
[31] http://www.dpunkt.de/x-t2/schwarzbildabzug

[32] http://www.dpunkt.de/x-t2/nd-filter
[33] http://www.dpunkt.de/x-t2/sos-standard
[34] http://www.dpunkt.de/x-t2/beispielbilder
[35] http://www.dpunkt.de/x-t2/auto-iso
[36] http://www.dpunkt.de/x-t2/high-key-fotografie
[37] http://www.dpunkt.de/x-t2/hdr
[38] http://www.dpunkt.de/x-t2/rolling-schutter
[39] http://www.dpunkt.de/x-t2/af-website
[40] http://www.dpunkt.de/x-t2/af-artikel
[41] http://www.dpunkt.de/x-t2/hyperfokale-distanz
[42] http://www.dpunkt.de/x-t2/zerstreuungskreis
[43] http://www.dpunkt.de/x-t2/video
[44] http://www.dpunkt.de/x-t2/abbildungsmassstaebe
[45] http://www.dpunkt.de/x-t2/weissabgleich
[46] http://www.dpunkt.de/x-t2/graukarte
[47] http://www.dpunkt.de/x-t2/farbstich
[48] http://www.dpunkt.de/x-t2/kontrast
[49] http://www.dpunkt.de/x-t2/farbsaettigung
[50] http://www.dpunkt.de/x-t2/farbraum
[51] http://www.dpunkt.de/x-t2/srgb
[52] http://www.dpunkt.de/x-t2/adobe-rgb-farbraum
[53] http://www.dpunkt.de/x-t2/gamut
[54] http://www.silkypix.de
[55] http://www.dpunkt.de/x-t2/rfc
[56] http://www.iridientdigital.com
[57] http://www.picturecode.com/index.php
[58] https://fuji-x-secrets.net
[59] http://www.dpunkt.de/x-t2/lut
[60] http://www.dpunkt.de/x-t2/blitzbelichtungsmessung
[61] http://www.dpunkt.de/x-t2/mischlicht
[62] http://www.dpunkt.de/x-t2/indirekter-blitz
[63] http://www.dpunkt.de/x-t2/entfesselter_blitz
[64] http://www.dpunkt.de/x-t2/difusor
[65] http://www.dpunkt.de/x-t2/zweiter-verschlussvorhang
[66] http://www.dpunkt.de/x-t2/blitzsynchronisation

[67] http://www.dpunkt.de/x-t2/rote-augen-effekt
[68] http://www.dpunkt.de/x-t2/telekonverter
[69] http://www.dpunkt.de/x-t2/objektive
[70] http://www.dpunkt.de/x-t2/kleinbildformat
[71] http://www.dpunkt.de/x-t2/aps-c
[72] http://www.dpunkt.de/x-t2/bokeh
[73] http://www.dpunkt.de/x-t2/stromadapter
[74] http://www.dpunkt.de/x-t2/netzteil
[75] http://www.dpunkt.de/x-t2/fernsteuerung
[76] http://www.dpunkt.de/x-t2/einzeln
[77] http://www.dpunkt.de/x-t2/gruppen
[78] http://www.dpunkt.de/x-t2/standortdaten
[79] http://www.dpunkt.de/x-t2/tether
[80] http://www.dpunkt.de/x-t2/aktualisierungen
[81] http://www.dpunkt.de/x-t2/x-pert
[82] http://www.fuji-x-forum.de
[83] http://www.fujix-forum.com
[84] http://www.fuji-x-forum.com
[85] http://www.fujixseries.com
[86] https://www.fujixspot.com
[87] http://www.dpunkt.de/x-t2/fujischool

Rezensieren
Sie dieses Buch

Senden
Sie uns Ihre Rezension
unter **www.dpunkt.de/rez**

Erhalten
Sie Ihr Wunschbuch aus
unserem Verlagsangebot